持续

李尚龙

著 ————

成长

中国友谊出版公司

真正厉害的人，
都懂得持续精进自己

目录
CONTENTS

让过去的思想
为现在所用，
让现在的思维
通向未知的未来。

PART

1

跳出逻辑:

改变从打破思维壁垒开始

时间不能重来,
但青春期的思考决定了你的行动,
你的行动决定了你三十来岁的模样。

人是怎么拥有科学思维的

人和人之间最大的不同无非就是思维方式，思维方式决定了一个人的行动，而行动决定了一个人的命运。人类的思想一直在进化，直到有了理性和科学思维。

我曾经问过一位文学家，你有信仰吗？

他想了想，说，我信科学。

现在有很多人都是科学思维的信仰者，纵观历史，科学思维是人类发展到今天独有的思维模式。历史上，人们在希腊神话中看到了故事世界，也曾在宗教的典籍中探寻，加之文学、艺术的启蒙与发展，人们的思想逐渐得到了解放。直到今天，科技飞速发展，科学的地位一跃而上，可与宗教和文学比肩。

原来我们说"举头望明月，低头思故乡"，会感叹李白写得太好了。现在我们也会从科学角度来观察，月亮不过是石头，它是在反射太阳光。

那么，人类为什么会有科学思维？科学思维是怎么来的呢？这是一个值得探讨的问题。

我们把人类的思维和动物的思维做一个比较：人类和动物的思维有什么不同？

有一种观点认为，较动物而言，原始人类的高级之处在于会加工和使用工具，比如，用石头打猎。不过，你观察一下就会发现，除了人类之外，还有少数几种动物会使用工具，比如，黑猩猩会用草棍钓白蚁，水獭会用石头砸开贝壳。它们虽然会使用工具，却没办法造出高楼大厦。

那是不是"好奇心"拉开了人类和这些动物的差距呢？仔细观察，你家的猫和狗其实也有好奇心，尤其是猫。在英文中还有一句谚语是说"Curiosity killed the cat."（好奇心杀死猫）。它们虽然也都有好奇心，但它们没办法发明和创造。

所以，既然人类和动物都会使用工具，也都有好奇心，那人类思维的高级之处在哪儿呢？《思维简史》中提到，人类和动物的区别在于，在好奇心的驱使下，普通动物只会对周围环境进行简单的探索，但人类在思维上并不满足于简单的探索，人类希望对陌生的事物有更深刻的理解，这就是求知欲。也就是说，求知是一种欲望。

这种欲望和食欲、性欲一样，都是人类的本能欲望。食欲和性欲这些欲望推动我们走到今天，而求知欲能让我们走得更远。

求知欲是与生俱来的，你仔细观察孩子就可以了解。面对这个陌生的世界，他们问得最多的问题不是"是什么"，而是"为什么"。"是什么"是一种定义，"为什么"是一种好奇。因为有了"为什么"，人类才能走得更远。只可惜，现在很多成年人随着年龄的增长，求知欲反而越来越少，慢慢觉得一切都理所当然。

还好，还有一些人一直保持着求知欲，就如正在读这本书的你，就像那些科学家、探险家。因为有了求知欲，我们一定要知道事物的原理才肯罢休，只有知道事物之间的因果关系，理解背后的原理，我们才能控制或者利用它们。

也正因为如此，我们才能一步步发展成今天的样子：发现了万有引力，提出了牛顿定律，创立了相对论。因为有了这些物理学的原理，我们才发现，我们是如此具有创造力。

其实人类也尝试过其他方式，比如，过去的人们信奉巫术、占卜、算命……

现在，我们通常认为这些是骗人的把戏，是迷信，是伪科学。说到巫术，其实它也有"前科学"的成分，是科学探索之前的过渡。因为，巫术本质上也是在试图发现某种规律，并利用它来做一些事情。在当时的人看来，控制这个世界的是宙斯、王母娘娘、龙王等一些不可知的力量。所以要达到某种目的，就需要和神沟通，于是就有了各种仪式。这些仪式现在看来虽然很荒谬，但体现了人对环境的控制欲望。

曾经有人在土耳其发现了一个古建筑群，就是许多石头柱子围到了一起，样子跟英国的巨石阵差不多，而这些石柱子，平均有五米高，十几吨重。想要搭建这样一个石柱群，即使用现在的技术手段也很费劲，因为当地并不出产大型石柱，它们都是从几百公里以外运过来的。你知道这个石柱群是什么时候搭建的吗？那是一个连农业都没有出现的时代，全部靠人工。类似的场景，其实在古代遗迹中也并非独一份，比如，英国的巨石阵和埃及的金字塔，这些都只是人类希望用这些奇观尝试对环境的一点控制。所以，当时的人类相信巫术的存在，对于早期人类社会来说，巫术的重要程度，远超出我们一般的理解。

在现代社会，我们知道巫术并不能解释世界，那只是当时的人们对世界的主观理解，并不是客观事实。每个人的主观思想都不一样，出于对原理探索的本能欲望，随着人类不断进化，求知欲不断增加，有人开始不相信我们生活的世界是由神和祭司控制的，开始意识到这些主观思考并不能完全解释世界，比如，地球真的是方形的吗？于是这些人开始抛弃巫术的神学思维，寻找更符合客观事实的解释。

古希腊早期的一些学者就在思考这些问题，也就是在那段时间，诞生了一批哲学家。比如，古希腊哲学家泰勒斯认为，世界的基本元素是水，水通过不同的方式组成了世间的万事万物。但是其他哲学家并不这么认为，赫拉克利特认为"万物的本原是火"，还有些哲学家认为"气"是构成世界的基本元素，还有人提出构成世界的是一种看不见的点状粒子，也就是我们现在说的原子。当时，大家还没有一套证实或证伪的方法来确定谁对谁错，不过，也就是从那个时期开始，从亚里士多德、柏拉图、苏格拉底那批哲学家对世界的理性思考中，人们渐渐地学会了逻辑推理和实证，接着诞生了科学，于是科学与巫术逐渐泾渭分明，一路发展到今天。

如今，科学思维已经在我们的脑子里根深蒂固，从起源看，它却不是天然存在的。

科学家把人类的科学思维分成了三个阶段，分别是前科学时代、科学时代和后科学时代。从思维模式上说，巫术、占卜等是前科学，甚至我们之前提到的一些古希腊的哲学家，虽然生发了很多思考，但依旧没有到达第二个科学思维的时代。请注意，此时的哲学并非出于科学思维，因为哲学家大多是基于普通的观察和大量的主观想象来解释世界，而不是基于客观事实的推论或实验。

比如，古希腊时代德谟克里特提出了"原子说"，他认为宇宙万物的存在只有原子加上虚空，也就是原子在虚空中碰撞，构成了万物。虽然现在科学给予了证明，但这个理论并非出于科学思维。直到数学家莱布尼茨进一步推断：任何物体无论如何微小，仍然有它的体积，有体积就可以被分割。然后继续推断，没有体积的原子，也就是无形的原子，他称为"单子"。这慢慢有了科学的影子。

又如，哲学家亚里士多德认为，如果两个物体在同一高度同时下落，质量重的速度快，质量轻的速度慢，速度和质量成正比关系。我们现在都知道，这个描述是错误的，物体下落的速度只跟地球引力和空气阻力有关系，和质量没有关系，换句话说，无论是多大、多重的东西，只要阻力相同，下落的速度就是一样的。这本来用几个小小的实验就能证明，但是不仅亚里士多德没有做这个实验，而且在此后的近两千年里，都没有人想到要做个实验证明一下，一直等到伽利略的出现，通过一个实验，才破除了两千年的主观结论。

这样的例子还有很多，总的来说，就是**人们过于依靠自己的主观思维，而不去做实验证实证伪，去得出客观结论。一直到今天，这样的思维还留存着，许多人，包括我自己，依旧习惯于惯性思考，动不动就"你以为"，动不动就"我以为"。**

想当然的主观思考，就是前科学时代的思维模式和特点，并一直遗留在人类的思维模式里：人们在探索自然的时候，习惯进行主观想象的构建，因此产生了各种传说故事、巫术仪式等；又通过故事的方式，传播到更远的地方。这一阶段大约持续了几千年，人类才逐渐进入第二个科学思维阶段。在第二个阶段，人类逐渐有了科学时代的思维特点。

所谓科学思维特点，就是尽量地追求客观，要么证实，要么证伪，要么存疑。

其实，任何人都可以基于观察、想象、推理，甚至是依据一些经典，来提出一些原理性的观点，但是，这些观点如果不能被证实，那它就只是假说。就好比你认为地球是方的，你有无数的故事去解释，但没有被证明，这都只是假说。

比如，哥白尼虽然很早的时候就提出日心说，但是一直等到伽利略改进望远镜之后，日心说才被证实和广泛地接受。换句话说，因为有了科技，假说才变成了事实。

还有一个最出名的例子，就是爱因斯坦的相对论。当年，包括爱因斯坦本人在内的所有人都认为宇宙是静止的，或者更准确地说，时空应该是静止的，但是在相对论方程的描述下，发现宇宙并不是静止的，而是处于不断膨胀之中。所以，爱因斯坦又认为相对论方程有缺陷，于是就在方程里加进了一个宇宙常数，用来确保宇宙的静止。

但是，哈勃定律的发现，证实宇宙是在不断膨胀的，爱因斯坦那个宇宙常数并不成立，所以这让爱因斯坦认为，在相对论中加入宇宙常数是他的学术败笔之一。直到今天，许多文献也在表明这个常数有问题。其中最重要的原因，还是科技的突飞猛进，让人们看到了正在膨胀的宇宙。是的，我们看见了，于是才成就了真正意义上的科学。

同时，在科学思维阶段，实证不仅能证明科学假说的对错，还能推动科学的发展。哈勃的发现不仅证明了相对论的正确，还推动了大爆炸理论的发展。因为宇宙膨胀的事实说明，过去的宇宙一定比现在的宇宙小，也就是说，在很久很久以前，宇宙可能是一个密度极大但体积极小的存在，也就是宇宙起源时的样子。但请注意，这也是假设，并没有得到证实，也无法证实。

所以，在科学思维时代，科学假说需要实证，而实证出来的新发现又可以推动科学的发展，这是一个良性循环，这就是我们的科学时代。因为科技，我们可以假设得更多，推断得更多。

我们可以把宇宙万物作为研究对象，提出种种推论和假说，然后通过技术手段证明它是否正确。

说回思维。作为现阶段的普通人，我们也可以在生活里提出无数的假设，虽然不一定是客观的，但是可以在科学的发展中逐渐寻找相关证据，逐渐发现真理。

比如，你觉得手机并不能促进孩子学习。你有证据吗？可以证明吗？如果用科学思维去思考，我们会发现很多孩子现在都通过手机学习，只要运用合理的制度和管理方法，孩子是可以通过手机学到知识的。

所以，不要人云亦云，不要跟随直觉，更不要主观判断。

随着科技文明的发展，也会出现一些问题。科学发展越来越快，技术可能就跟不上了。换句话说，科学家推导出的新假说，既不能被证实，也不能被证伪，可能会成为永远的假说。这就是《思维简史》

这本书里说的第三个时代：后科学时代。

后科学时代并不是一个普遍的现象，而是只存在于少数几个领域中，尤其是该书作者蒙洛迪诺所在的物理学领域。比如，在很早以前，爱因斯坦预言了引力波的存在，但是在过去一个世纪中，引力波都只是一个假说，谁也没能证实，直到2017年，才被技术证实了。

像这样的例子，在今天的物理学中还有很多，比如，我们熟悉的"量子纠缠""平行宇宙""高维空间"，还有"弦理论"，都是难以被证实的假说，因为这是现在的技术手段无论如何都达不到的领域，甚至在未来，技术也很难证实。也正因为这样，很多物理学家都抱怨，在过去的几十年中，物理学都没有什么实质上的发展。

后科学时代里，人类在天文物理学领域的探索可能已经达到非常深入的阶段了，科学本身的发展会开始变得艰难起来，甚至比前科学时代还要艰难。原因很简单，因为技术已经没办法太快突破。至于怎么走出这个困境，目前还看不到答案。

但好在，今天的我们至少到达了第二个思维时代，正在向第三个思维时代迈进。而第三个思维时代，充满着未知，这也是世界美好的事情。

这个世界会变得越来越快。这些变革是好事吗？蒙洛迪诺在书里说："变革对我们的头脑提出新要求，迫使我们走出舒适区，打破我们的思维定势。它让人困惑和不知所措，它要求我们放弃旧有的思维方式。"

换句话说，你需要每天更新自己的信息库，每天学习新的知识，才能产生新的智慧。

那么，我们是不是应该时时刻刻对旧思维发起挑战呢？比如，一些曾经根深蒂固的思维，现在是不是一定要连根拔起呢？

这其实是个很复杂的问题，一方面我们发现人类必须进步，另一方面我们发现过去很多思想也经受了时间的考验。所以，我们要怎么做？

答案只有一个，我们只能拼命学习、进步、改善思维。

按照《思维简史》中写的，**旧的思维和认知代表过去，新的思维和认知意味着对未来的探索，生活在今天的我们的思维挑战，不是一味地守护过去，也不是一味地探索未来，而是，连接过去和未来。**

让过去的思想为现在所用，让现在的思维通向未知的未来。

我很期待看到未来的世界，不知你是否和我一样。

未来要具备的思维模式

迎接未来需要具备什么思维模式呢?

一、思维要随着时代进步

人工智能时代来临,我们最担心的事情之一,就是人工智能完全替代了我们的人力工作,那我们该怎么办? 其实你大可不必担心,因为这是肯定会发生的事情。但有些人是不会被替代的,因为他们具备自己的思维模式,他们会不停地进步,不停地改变。这样的人,就很难被人工智能替代。

有一本书叫《全新思维: 决胜未来的6大能力》,作者丹尼尔·平克，是著名的未来学家。未来学家不是算命师，而是根据现有的信息、系统、科学地预测未来。几年过去了，跟书中预测的一样，有些职业消失了，有些行业大幅裁员，但产生了另一些新行业和职业，于是社会上也出现了一批新富。

还记得我小的时候，有一个工作是专门催电话费，那个时候催电话费的电信局员工工资非常高，我的母亲从部队转业后就是做这个工作的，后来我亲眼见证她失业了，被迫转了行。

如今，很多职业都有可能被人工智能替代，所以，你应该腾出时间去提高思维能力，想想在这个正在发生巨大变化的时代，未来的你需要有什么样的思维能力才不会被淘汰。

如果我们去回想上一个时代，也就是计算机、手机、人工智能都不存在的时候，我们评论一个人很厉害，主要是因为他"左脑"厉害，也就是他的理性思维，如计算、分析的能力十分强大。

世界一直在变化，我们曾经蔑视或认为是无足轻重的能力，即"右脑"的创造力、共情力、娱乐感和意义感，在接下来这个时代，会变得越来越重要。

2020年新冠肺炎疫情期间发生的事情就很能说明问题。

有些人如果不去工作，存款很快就没了，扛不了几个月。

但另一些人不一样，该干吗干吗，没有受影响，尤其是当他的能力嫁接到互联网上，依然可以保持很好的生活状态。

以前，左脑思维是司机，右脑思维是乘客。现在，右脑思维突然抢走了方向盘,并且可以决定我们要去哪里,以及怎样到达目的地。

为什么右脑思维突然变得如此重要呢?有个纪录片叫《明日之前》,你只需要看两集,就知道为什么人的右脑开始越来越重要了。原来,**但凡你的工作充满重复性,就肯定会被替代**。现在,你的工作但凡有一点重复性,机器就会毫不犹豫地插手进来告诉你:你不行,我来吧。

以我为例,记得当年讲四六级的英语课,一遍又一遍地讲,一节课在一个假期能重复讲几十遍。我跟同事开玩笑说,我准备录下来,然后上课对口型,都不会差几个字。可是现在,真的只用上一遍,然后录下来给大家听,我省下了很多时间。

那这样,是不是我们就失业了?

不是,我们享受到了复利价值,同时我们的课还可以在线直播,并不断保持更新迭代的新知识,这样我们自己也在进步,像学生一样。这就是全新的思维。

二、六大感性思维模式

1. 设计思维

设计的本质是创新,**优秀的设计总是创造出一种新的解决方式,让事情得以顺利进行。而这个时代,越来越需要设计思维。**

什么是设计思维?这个概念产生于20世纪60年代,在20世纪

90 年代的时候由一家名叫 IDEO 的设计公司把设计思维应用到商业领域。苹果公司的第一只鼠标，世界上的第一台笔记本电脑、第一台掌上电脑等产品设计都源自设计思维。简单来说，设计思维是一套以人为本的创新模式，它关注的核心不是产品，而是人，站在人的角度，挖掘人的需求。

比如，苹果公司被认为是全球最有设计感的公司，好的产品首先是设计得好看，好看就是以人为本。当然你会说，我又不是学设计的。其实并不是这样，我们每个人都具有天生的设计感。

有一位资深设计师，他平时喜欢给孩子们做公益演讲。在演讲之前，他经常会问一个问题，在座的各位有多少人是艺术家？请举一下手。他发现，如果是一年级的学生，基本上大家都会举手，每个人都觉得自己是艺术家。如果是三年级的学生，举手的只有一半。到了六年级，基本上没有一个孩子会举手。

其实所谓设计师，就是创造一种不一样的东西，打破常规思维，让人们看到更多的可能。设计其实也是一种能力，这种能力跟审美相关，然而我们现在的审美太单一化了。

未来，设计将会非常重要，尤其是独特的设计、独特的审美。

你可以看看身边，所有东西几乎都被设计过：你的电脑，你的手机，微信的界面……

当产品的质量一样时，你会发现设计是最重要的，伦敦商学院的研究表明，每增加 1% 的设计投入，公司的销量和利润就会平均增加 4%。目前为止，设计还是人工智能和机器到不了的领域，但未来还不好说，因为人工智能的发展超乎想象。

怎么去锻炼设计感呢？其实唯一的提升方法就是多看、多记录，比如，学画画、学拍摄，然后去分析、比较。我还有个建议：一定要多观察生活，培养自己对不同事物的看法，也可以多去博物馆，多看一些杂志，甚至看影视剧的时候也要从各类角色那里找到亮点，这对审美的提高很有帮助。

2. 共情思维

有些人特别缺乏共情思维。共情思维是人类经常被忽略的一种天性。

共情思维就是站在别人的角度思考，虽然这些事跟我们没什么关系，可我们就是会在意。我们会不由自主地想象别人的事发生在自己身上，并产生相应的情绪，有时还会为此做点什么，这种现象就叫共情。

比如，你在网上看到了一些写得好的文章，你觉得是你特别想讲但讲不出来的话，那么那名作者就很有共情思维。

所有伟大的产品经理都有共情能力，任何一个行业的高手，都具备共情能力。

因为他的产品要跟用户产生共鸣。以前我们提倡理性思考，但现在我们在机器面前，更多的是希望你能调动情感去共情。

有时，一些情绪会"传染"。比如，你看到别人难受，也会想到自己难受的事情。这点在男生跟女朋友打交道的时候最能体现。女朋友说的很多话其实都不希望男生给她答案，只希望男生能有共情的思维。比如，她说肚子疼，这个时候男生应该怎么回答？喝点热水，是理性的回答。有人说最好的答案是：你哪有肚子？其实我认为最好的方式是，陪着她，揉揉她的肚子，表现出对她的心疼。这就是共情思维。

我们是高度社会化的动物，每个人都需要依赖社会才能更好地生存，因此必须学会与他人合作。共情思维是人在社会化的世界里必须掌握的，能够共情，才能照顾到别人的感受，公平地看待事物，有效地减少矛盾和冲突。在一次实验中，出于研究需要，工作人员给了一只倭黑猩猩很多吃的，但这只倭黑猩猩却不敢吃。它无助地看着工作人员，用手指向它正在远处观望的同类们，工作人员只好给所有的倭黑猩猩都发了一点吃的，这只倭黑猩猩才开始吃眼前的食物。

显然，这只倭黑猩猩为自己得到的太多而感到不安，这是群居生物与生俱来的共情力。这就是共情带来的帮助，能去考虑别人的感受，也为自己换来了安全和爱戴。

其实每个伟大的艺术家都拥有超强的共情能力，艺术家的本质就是用作品来帮助我们表达情绪。歌曲、电影、文字都是把别人说不出来的东西说出来，这也是共情能力的表达方式，这种思维，在未来也会非常重要。

3. 故事思维

讲故事的能力，也叫"故事思维"。

所有厉害的畅销书作家，好的导演、编剧、创业者、产品经理……都是讲故事的高手。

所有的商业领袖也都很会讲故事，比如乔布斯、雷军，全部是讲故事的高手。在融资的时候，投资人也会经常说，把你公司的故事讲给我听。

把一件复杂、难懂的事情，讲成谁都能懂的故事，这个思维模式在未来将会特别重要。

有一本书叫《故事》，作者是罗伯特·麦基。这本书是每个作家、编剧的圣经，如果你觉得这本书太深奥了，也可以看看他的《故事经济学》。他经常来中国做演讲，原来他来讲课的时候，听他课的都是编剧、作家，现在是来自各个行业的人，有些是企业家，有些是产品经理……故事思维很重要，故事是意识形态的承载体。

你会不会讲故事，决定了你是不是一个会用右脑思考的人。

什么是故事呢？故事就是把信息置于一个场景中，让信息具有一种情感冲击力。比如，我说王后死了，国王也去世了，这就不是一个故事。但如果我说，王后死了，国王也心碎痛苦地死了，这就是一个故事，只是加了一个简单的描述，一种心碎和痛苦的情绪状态。想要讲好一个故事，要加入很多这种情绪状态才可以吸引人。这一点在商业上也越来越受到重视。

不要总是跟别人讲道理，一定要养成讲故事的思维，这对你的未来会特别有益。

4. 跨界思维

你认识很多人，知道很多知识，去过很多地方，这都不厉害，关键是你怎么运用这些资源。

换句话说，怎么把资源整合到一起，这种思维模式是最稀缺的。

在电影圈，这个职位叫制片人。

你认识一位导演、一位编剧、一位作家，然后把这些人放在一起，你就有了一个"盘"。在公司，这种人叫产品经理、项目经理，你把设计师、工程师、老师放在一起，你也有了自己的"组"。

这种资源整合的能力还有个特点，就是把看似无法匹配的因素组合起来。它也是右脑的思考特点，注重大局，而不纠缠细节。这种人长期跨界于各种平台，也就是我们平常所说的，成为一个跨领域"打劫"的人才。机器是很难把不同行业的人无缝衔接上的。

现在这个时代，跨界思维无处不在。跨界思维甚至逐渐演化成"跨界打劫"。

2020年年初，电影院关闭，所有电影都无法上映。而徐峥的《囧妈》跨界"打劫",用互联网思维取得突破,实现了商业上巨大的成功。

怎么练习这种跨界思维呢?其实有个特别好的办法就是"学会比喻"。比如,我们"考虫"有段时间搞拼课,很多人看不懂。我说,这其实就像拼多多购物拼单一样,很多事情都可以用在不同行业中来比喻。此外,还可以努力实现技能的迁徙,试着在多个行业里提高自己的能力,多去考虑能否进行多领域交叉。比如,前些日子我组了个局,把作家卢思浩、尹延、石雷鹏和几个年轻作家组在了一起。当时的局面非常尴尬,谁也不说话。可是过了不到一个月,石雷鹏老师的微信号竟然开始每天更新跟英文无关的东西了。

5. 娱乐思维

所谓"娱乐思维",简单来说,就是可以"让你觉得好玩的能力"。别小看这种思维模式,手机上的任何节目,但凡人们觉得不好玩,很快就关闭了。

玩乐是人类的天性。比如,俄罗斯方块是款特别简单的游戏。这个游戏唯一的目的就是看玩家怎么结束游戏。但即使这样,人们也愿意一直玩下去,因为大家享受这个玩的过程。

超级玛丽也是如此,这些游戏的特点是非常容易上手。

又如 Switch[1] 和 PS4[2]。买了我才知道，游戏机卖的是游戏体验，这种体验是最吸引人的付费方式。不仅是游戏，如果你做的是产品，那么你的产品要会跟人玩；你做的是创作，就要跟创意玩；你做的是运营，就要和顾客玩。

亚当·奥尔特在《欲罢不能》这本书里说，上瘾体验背后的六大诱导因素分别是：

（1）诱人的目标；

（2）不可抗拒的积极反馈；

（3）毫不费力的进步；

（4）逐渐升级的挑战；

（5）未完成的紧张感；

（6）令人痴迷的社会互动。

这里我们说的娱乐思维，将会是未来非常重要的思维方式。娱乐是人的本能，但这个能力原来在工作岗位上是不允许有的。其实许多伟大的事情，都是"嬉皮笑脸着"干出来的，你总是愁眉苦脸，怎么干？汽车大亨亨利·福特就说过："工作就要好好工作，玩耍就要痛快地玩耍。"

---

[1] 日本任天堂株式会社所制作的游戏机。

[2] Play Station 4，是索尼电脑娱乐公司推出的家用游戏机。

6. 意义思维

"意义"十分重要，生命没有意义，就如同行尸走肉。

现在许多年轻人在一家公司工作，他们的要求都特别简单：要么给我钱，要么给我意义。意义跟钱是对等的。

有时候意义比钱还要重要。当一个人满足了温饱后，就要思考工作的意义是什么。

什么叫意义呢？总的来说，就是你做的事能否和伟大、美好、真挚、善良……这些词语联系在一起。这种思维模式在未来是十分需要的。未来，意义感会变得尤为重要，大多数有才能的人都会追求自我实现，追求自我价值。但请记住，意义是自己定义出来的，我们正是在追求意义的时候，发现了意义，甚至创造了意义。

在过去的世界里，更需要的是理性思维的能力；而未来，需要的是感性技能较多的思维模式。具备以上 6 种高感性的思维模式，你在未来一定会更加值钱。

人生可以有不同的思考方式

一、拆掉思维里的墙

说到未来，一定少不了说到人生。我们经常听到别人说：你一定要如何如何。可是，当别人跟我这样说时，我的脑子里就会想：如果不这样，我的人生是不是就完了？

如果让我挑选一本最适合年轻人阅读的书，肯定就是《拆掉思维里的墙》。我是在 2010 年认识作者古典的，当时他在论坛做演讲，主题是"做生活的高手"，核心内容只有一个：你的生命，还有没有其他可能。

后来，我出第一本书的时候，我给他写了一封很长的信，让他帮我作序，我们就这样成了很要好的朋友。我们每次见面的时候，他总会问我一些很奇怪的问题。比如，你的生命还有其他可能吗？你这么想是对的，但还有其他角度的思考吗？假设过去你是另一种做法，你三十岁的生活会不会有一些变化？

时间不能重来，但青春期的思考决定了你的行动，你的行动决定了你三十来岁的模样。

比如，有这样一个年轻人：他二十五六岁，大学毕业以后在北京打拼了几年，家境不错，工作稳定，自己的积蓄加上父母的存款一共有 300 万元左右，跟女朋友感情也很好，双方父母都见过面，也都觉得可以往下发展。这时候你觉得他最应该做的是什么？我想你把这个话题放在网上，大多数人的答案只有一个：买套房。当然没问题，接下来按揭还房贷，每天过着朝九晚五的生活，这样无可厚非。但是，如果平行时空中的他做了另一个决定，生活会不会变得不一样？

古典说过一个故事，曾经有一个人也面临过类似的处境，但他做了不一样的选择。

他结婚前有一笔积蓄，但是没有买房，他跟未婚妻说：我给你两个选择，一是用现在这笔钱买个小房子，二是让我去投资，过几年买套大的。未婚妻说好，我相信你，我选第 2 个。所以他们租了个两室一厅的房子就结婚了。第 2 年，他们生了个女儿，还是没有买房。直到结婚第 4 年，这位年轻人成为投资公司的合伙人，依旧没有买房。到了第 6 年，他们才买了一套普通的房子，全家人住了进去。直到结婚 10 周年，也就是他 32 岁的时候，他赚到了第一笔 100 万美元。有意思的是，他不准备把这笔钱用来买更大的房子，而是想接着做投资。

到了他 87 岁的时候，也就是 2017 年，他的净资产达到 734 亿美元，富豪榜排名世界第 4。这个人是谁呢？就是股神巴菲特。

可是，如果当年他的未婚妻苏珊选的是买房子，如果巴菲特选择投资一套房子而不是投资他自己，他这一生可能都不会有后来的成就。即便是股神这样的天才，也需要 10 年的发展时间才能一飞冲天。

从我们普通人的职业发展角度来看，一套房子可以消灭一个梦想，消灭一个巴菲特。

不过，如果你买房子就是为了投资升值，那就是投资领域的话题了，可以咨询相关的专业人士。但如果仅仅是为了住，你可以试着拆掉思维里的墙，去思考一下有没有更多的可能性。

年轻人有了钱，就一定要急着买房吗？能不能先去好好投资自己，让自己变得更值钱呢？我在北京租的第一个房子，是个只有 8 平方米的小单间，房租一个月 500 元；后来一点点努力，租了个 20 平方米的单间；再之后，租住的房子越来越大。我按照这个思维模式，一直没有着急去买房子，我相信只要我个人的价值增速超过房价，就不用太焦虑房子的事。

如果你想在职场上有更大的发展，又没有那么多钱，可以先不急着买房子，一旦买了房子，每个月还房贷的压力，可能会大大压缩一个人参加培训课程、提升自我、参加社会活动和积累人脉的支出。更关键的是，一个有房贷压力的人，会不敢跳槽、不敢创业、不敢乱动。

因为很多人跳槽之后，收入会变少，试用期的收入往往没有在原来单位长期稳定下来的收入高，所以买了房可能会让他因为还贷的压力而不敢跳槽，这样他就很可能因此错过一个好的工作机会；而没有房贷压力的人，可以轻松上阵，一次次抓住更好的机会，去更大的平台锻炼自己，施展自己的才华。换句话说，更轻松地上阵，就更容易登上更大的平台。

这就是"拆掉思维里的墙"。限制我们的不是世界的界限，而是思维里的墙，也就是心智模式，**心智模式的优劣决定了我们人生的高度。**

二、思维模式决定你的终点

古典还有本书叫《跃迁》，职场人一定要看，讲的是人怎么从一个地方飞跃到另一个地方。在这个世界上，思维习惯和心智模式决定了你能走到哪儿。

我们往往以为，亲眼看到的就是事实和真相。如果我们碰了壁、倒了霉，那是因为外部条件还不够好，"总有刁民想害朕"其实就是这种思维模式，而实际上是心智模式限制了你眼中世界的样子。

什么是心智模式呢？

心智模式其实就是一套我们大脑内部的程序，就像 Windows 或者 Mac 系统。不同的人，有着不同的心智模式，就如不同的电脑有着不同的系统。**人脑和人脑的物理差距并不是很大，但是因为系统软件的不同，运行效果就会有巨大的差距。**

有时候，你会发现人和人的差距巨大，但人和人智商的差别并没有我们想象的那么大，美国的一位数学家智商达到了 250—300，但即便这样，他也只是正常人的两倍多一点。可是人和人在能力和认知上的差距可不是一两倍可以形容的。这就是心智模式的不同造成的。

所谓"心智模式"，简单地说，就是我们如何按照自己的方式去理解这个世界，理解我们和这个世界的关系，从而决定我们如何去行动的一套思维模式。

心理学家阿德勒曾指出，你无法改变过去发生的事情，但是你能改变的，是你对过去事情的看法。

人活着，无非是在做一系列的选择。

比如，早上起了床，你是先刷牙，还是先洗脸？洗漱完是在家吃早餐，还是在路上买了边走边吃？你看见一个喜欢的异性，是立刻上去打招呼，还是远远地看着？又如，自己有了一些积蓄以后，你是打算把钱存进银行，先买书报课，还是立刻买房？如果你每个月挣的钱足够养活一家人，你是希望你的太太继续工作，还是让她专心致志地做一个全职妈妈？这些我们看得到的行为和决策，都会造成各种可见的结果，有好的也有坏的，结果总会不同。可是我们很少花时间去思考这些决定带来的结果，这些选择也慢慢让人和人的命运变得不同。

我自己也有过糟糕的思考方式，我自己做的很多决定，现在想想都不知道当时是怎么决定出来的。这样的心智模式一定会把一个人带入越来越迷茫的状态，以至于自己都不知道自己是怎么走到了"龙脊梯田"。

心智模式其实有 3 种来源，分别是直接经验、间接经验、推理和归纳。

直接经验，就是我们对世界的直接体验和观感。比如，小时候被狗咬过的人，长大以后对狗也会抱有恐惧心理；而从小和狗狗亲如一家，同爸妈一起抚养过、亲近过小狗的孩子，长大以后对狗也往往比较友善。简单来说，就是通过惯性来做决定。你仔细看，每天早上起来，有多少事情就是按照惯性来的？但总是按照惯性来，就会被大众和人流推向一个陌生的地方，让人不知所措。

间接经验，就是我们从别人那里获得的经验，你没看过世界，可以听别人告诉你。比如，你经常听到很多人说法国人浪漫、德国人严谨，久而久之我们就信以为真。自己和法国人、德国人打交道的时候也会抱有这样先入为主的认知。但实际上,我们如果反过来问:难道这世上就没有一个浪漫的德国人和一个严谨的法国人吗?或者我们问:你真的见过一个德国人和一个法国人之后还这样认为吗?见过一群德国人和法国人之后呢?你会发现并不一定。个体永远是不一样的。显然间接经验也有它的局限。

推理和归纳,这是思考中最重要的方式。你一定听很多人说过,单亲家庭的孩子容易出现性格问题,不容易取得大的成就。听起来好像是有些道理,别人家的孩子都是从小在父爱和母爱双全的环境中长大,而单亲家庭的孩子很可能只体会过来自父亲或者母亲单方面的关爱。但是,这种推断真的成立吗?你只需要举出一个反例,就知道这种观点不靠谱,事实上这种反例太多了。有很多取得巨大成就的名人都来自单亲家庭:远的有孔子、孟子、成吉思汗,近的有鲁迅、胡适和老舍;外国有我们熟悉的牛顿、安徒生、马克·吐温、卓别林、萨特、奥巴马。他们都是在青少年甚至幼年时期就失去了父亲,但是他们都取得了举世瞩目的成就。

你改变不了世界,但可以改变自己。就像日本的经营之神松下幸之助。一般人都认为,出身贫寒、体弱多病、文化水平低,这三件事只要占一件,这辈子想要出人头地就很难了。松下幸之助很不幸,这三件事他都占了。可他一点也不悲观,他觉得托贫穷的福,自己很小就会做擦皮鞋、卖报纸这些苦工,得到了宝贵的人生经验。

正因为自己从小体弱多病，才会重视锻炼身体，到了老年也能保持强健的体魄。他小学都没有毕业，所以他才会特别重视学习，一生中不断地向不同的人请教，提升自己的认知。

松下的心智模式特别了不起，他真正了不起的地方，在于他看待过去的视角和大部分人不同。他的思考模式归根结底为一句话：打不垮我的，只会让我变得更强。这种模式最终帮助他积极地筹划未来，把过去的不利因素转化为未来的有利因素。其实，**我们每一个人，都可以不断地升级自己的心智模式，让自己成为一个更好的人。**

很多人遇到一件倒霉事，第一反应就是抱怨：我今天怎么这么倒霉；而有些人的第一反应则是：我能从中学到点什么。思维模式不同，到达的终点也会不一样。

这就是人和人的区别。

三、设定自己的基线

古典是个职业规划师，不仅在生活中，他在工作中也帮很多人拆过思维里的墙。

有个人找工作，第一次投简历就石沉大海。古典鼓励他，一周后再投一遍简历。为什么？因为一周后，这些公司可能会遇到面试过了，但出于其他原因没有去入职的人，此时再投一次简历他就多了一次机会。

古典对他说，其实三个月后，你还可以再投一次，因为有些人招聘过去后，可能试用期没通过，你又多了一次机会。半年后，你还可以再投一次，因为这个时候，很多人力资源的小伙伴已经对你很眼熟了。

当然，找工作最重要的还是你的价值，你提供了好的价值，比什么都重要。

所以，大学四年多给自己一些选择，磨炼出自己的一技之长。当你踏入一个未知的领域时，先不要急着做出选择，给自己一段时间去尝试、去观察，看看在这个领域当中，什么样的选择是相对来说比较好的。不断地积累经验，调整你的预期，设定一个你能欣然接受的标准，建立起自己的基线。

这样做有两个好处：一是避免你后悔；二是避免你错过。"后悔"就是经历得太少，还没有好好做比较，就着急做出了选择，结果是后来看到了更好的机会，一时又不能跳槽，后悔不已；"错过"就是明明已经遇到了好工作，却总是贪心，想看看还有没有更好的，结果没有抓住机会，错过了好工作。

选错，一直是最难受的经历。选错工作，跟选错伴侣一样难过。

那怎么选择呢？假如你是一个王子，有100个公主来向你求亲，每个公主只能和你见一次面，而且要立马回答是不是愿意娶她。如果不愿意，公主扭头就走，你再也见不到她。你要是答应了一位公主，后面的公主你就看不到了。试想一下，如果你一开始就着急选了人，之后发现其实还有好多更让你心动的公主，一定会后悔；如果你耐着性子看到最后一个，就很可能错过了最好的公主。那怎么办呢？从概率的角度去分析，你应该这么选：把前面37位公主当作观察样本，谁也不选，只做一个判断：看其中最接近你的标准的是谁。而后面剩下的63位，只要有一位各方面的条件能超过这一位，就立马做出选择，这是最科学的一种解法。

这就是"寻找基线"。刚进入一个陌生的领域时，先去寻找基线。如果你在毕业前的最后一年决定找工作，那你应该拿这一年前37%的时间作为观望期，尽量多地参与实习和兼职，画出一条你能接受的基线。过了这段时间再正式找工作，一旦有看好的职位，超过了你的基线水平，就立马出手，绝不犹豫。这样你既不会因为仓促签约而后悔，也不会因为一直观望而错过。

在求职过程中另一件非常重要的事，就是弄清楚简历和入职的关系。成功入职并不一定需要简历，如果你目标感够强，愿意尝试其他方法，也是能够得到心仪的工作的。

简历不过是一张门票。一般在公司里，职务肯定是内部提拔；如果内部提拔没有合适的人选，会在朋友圈里寻找；如果朋友圈里没有，会找朋友推荐；实在是这些途径都没有，才会去看投来的简历。换句话说，好的工作，是从内部开始选拔，等人力部门到招聘网站看简历的时候，已经筛选过很多人了。对于你来说，怎么进入别人的朋友圈，就成了关键。

这里有个好方法，就是进行职业访谈。通过访谈，你可以接触到业内的优秀人士并了解一个行业，同时也是求职的好方法。你可能担心这些优秀人士会拒绝你的访谈请求，其实只要你勇敢去尝试，总会有人愿意接受你的访谈，因为优秀的人都有一个优秀品质——乐于帮助别人。

古典讲过一个叫小周的人，她先通过邮件的方式跟别人约时间，访谈的时候总会问两个问题：第一个是，如果我这样一个人想要进入这个职业，您会给我什么建议呢？第二个是，在什么时候，我会知道我能胜任这样一份工作？如果前期跟人家谈得好，对方会给她提一些关键意见和硬性要求。接下来的几周里，小周会经常跟对方沟通，给他们看一看自己的计划书，听听专业人士对计划书的看法。3个月后，她带着自己的简历和这段时间积累起来的富有针对性的案例，去应聘了这家公司。结果可想而知，应聘非常顺利，因为她已经把自己定制成了这个企业对口需要的人才。带着强烈的目标感，有针对性地进行一轮职业访谈，胜过 10 份精心设计过的简历。

如果一个人能拆掉思维里的墙，这个世界就能亮很多。

四、反思那些正确的话

说说爱情。我们听过一句话：不以结婚为目的的恋爱都是耍流氓。很多女孩子都以结婚为目的找男朋友。古典的一个朋友也是以结婚为目的去找男朋友的，古典笑了笑对朋友说，那你只能找到这三种人：

第一，玩够了的浪子。玩够了，只想找个人踏实下来。

第二，乳臭未干的小子。跟谁都想结婚。

第三，会隐藏自己的骗子。

她说，她才不信。一段时间后，她告诉古典，她真的遇到了这三种人，只是顺序不一样。

其实一个人应该享受恋爱的过程，等恋爱到了一定时间两个人就进入了亲情阶段，最后再走入婚姻，这样的生活反而更幸福。有女孩子经常说，只有稳定的婚姻、靠谱的男人能给自己安全感，认为自己阴晴不定的生活都是外界因素造成的。实际上并非如此，安全感是自己给自己的，和别人无关。没有人能代替你感受到幸福，你的幸福是独一无二的，不是父母和家人或者任何人能为你设计出来的。

永远不要让你的幸福为别人的梦想买单。

我们要经常去反思那些所谓正确的话，人的思维才会逐渐变得更清晰，才会得到本质上的成长。

真正优秀的人，都懂得反思

　　我遇到过一个做什么事情都失败的人，有一天他在朋友圈里发了这样一句话：你是怎么做到工作、爱情两都误的？其实他远不止这么惨，我认识他的时候是三年前，这些年他尝试过很多行业，从早年的英语教育，到后来的知识付费，再到今天的新媒体运营，都没做好。我给他点了个赞，他忽然就私信我，跟我吐了一顿苦水。

　　当然，我也没有解决方案，跟他聊完我忽然意识到，一个人如果每件事情都很失败其实是很难的。因为你做一件事失败也就算了，如果件件事都失败，那背后一定有原因，要么是目标太大，要么是方法不对。但无论如何，他都缺乏一种思维方式——反思。

　　人们总是把自己的失败归因于粗心、大环境不好等理由，而不是去彻底反思和总结，到头来只会一次又一次陷入同样的麻烦和失败。彻底反思的这种思维模式叫"黑匣子思维"。

马修·萨伊德毕业于牛津大学，他是《泰晤士报》的专栏作家，写过一本书叫《黑匣子思维》。"黑匣子"是飞机上的一种记录设备，它可以准确地记录飞机上所有电子系统的指令和驾驶舱内的任何声音和细节，面面俱到。如果飞机不幸发生了事故，那就可以通过查找黑匣子里的数据，准确分析出事故原因。

20世纪90年代，韩国的航空公司事故率非常高，人们一直不知道为什么，直到人们拿出黑匣子复盘，才找到原因。

比如，有一次事故是飞机在关岛降落的时候正好赶上了暴雨天气。一般降落中飞行员要先寻找机场，但是这回因为天气恶劣，能见度非常低，机长以为他看见了机场，实际上他看错了。

其实这次事故完全是可以避免的，因为当时驾驶舱里还有副机长和随行的工程师，他们已经注意到了问题，而且还提醒了机长。但是他们提醒的方式不对，模棱两可，最后酿成大祸。亚洲人说话很谦逊，韩国人说话更讲究等级，开口闭口就"前辈"，得用敬语。话也不敢说太满。所以当副机长想说现在天气不好，能见度那么低，我们应该考虑不一样的降落方案时，却不敢说得这么直白。所以副机长说的是："您有没有觉得雨下得更大了？"

工程师也注意到了这个问题，但是工程师也采取了暗示的策略，也没有说得太满，他说的是："这个气象雷达挺有用的。"谁能想到机长当时精神头儿也不太好，完全不理解他俩的暗示，结果机毁人亡。

　　如果没有黑匣子，谁也不会知道这番对话，也不知道为什么韩国那段时间飞机的事故率那么高。好在，有了黑匣子，人们从记录中得到了反思。韩国人后来干脆出了个规定，要求在飞机驾驶舱里只能说英语。因为英语不是他们的母语，大家说得都不太好，就谈不上使用敬语了，这样，说话就可以更直截了当一点。如此一来，他们的事故率降低了。

　　这里有个很重要的细节：航空公司一般不会隐瞒实情，而是会将它公布于众，帮助航空业的其他从业人员反思和学习。就是因为这种彻底性的反思，才让这种从错误中学习的方法在航空业应用了几十年，帮助航空业成为世界上安全系数最高的行业之一。

　　其实纵观全球任何行业，都可以使用这种思维。在个人的学习和成长中，如果具备这样的思维，也一定能让人每天都进步，走到更高的地方。

　　但不巧的是，根据《黑匣子思维》这本书的记录，很少有人真的做到了这些，尤其是医疗行业。据报道，全世界每年都有数万名患者是因可预防的医疗差错而丧生。

　　当然，这些错误的发生，原因是多种多样的，比如，疾病本身的复杂性、资源的限制、药物和医疗技术的局限，等等。但是最根本的原因还是在于许多观念太落后、许多思考太局限，人们没有树立起直面失败的观念，一旦遇到失败，大家第一反应还是躲避。其实，除了医疗行业外，还有很多行业里的人仍以传统的态度和思维模式对待失败：以失败为耻，刻意地去隐藏和躲避失败，这必然导致人们没有办法在错误中学习。

而航空业不一样，每次失败他们都在反思，运用黑匣子积累的数据，从失败中汲取经验，这种思维才是值得我们学习的。

其实这么多年，人类对待错误的态度都非常扭曲：不愿意接受错误，各种类型的错误都会被认为是愚蠢的，动辄上升到道德甚至人格层面。

这种情况在电影中格外常见。一个十全十美的大英雄，只要犯了一个小错，就容易被黑化。人们对错误的容忍度很低，这种想法至今一直存在。正是因为这种错误观念的压制作用，孩子不敢在课堂上举手，医生会刻意掩盖错误，政治家会拒绝对政策进行严格的测试，经济学家、社会学家也不愿为自己的错误言论道歉。这种面对错误选择遮掩的思维，阻碍了人类社会的进步。

公元 2 世纪，西方医学很推崇放血疗法。一个人病了，不管什么症状，先在身上切道口子放点血出来，这在当时被认为是一种很有效的治疗手段，而且延续了很久。最著名的案例要数美国第一任总统华盛顿。1799 年 12 月 14 日，华盛顿生病了，发烧伴随着呼吸困难，他的管家跟医生在一天之内先后4次给他放血，总共放掉了3.5升血，这大约是华盛顿体内血液总量的60%，当天晚上，华盛顿就死于失血性休克。后来有人研究华盛顿当时所患的病，大概是普通的咽喉感染，要不是放血过多，是不会送命的。可是，这样愚蠢的方法为什么能够流行呢？

原因其实也很简单，从一开始就没有人质疑过这种方法，大家都觉得理所当然。如果病人因为放血康复了，那肯定就归功于这个治疗手段；如果病人没有治好，也可以解释为他病得太重了，连放血疗法都救不了他。所有的情况都被合理化了，反正不管是谁的错，肯定不是医生的错。这又回到了科学性思维，那个时候人们主观的想法起了主导作用，没有通过实验去证明其客观性。

很多不法分子也是这样蛊惑人心的，比如，帮人请神求子，求得了就是灵验，求不得就是不够虔诚。

这就是典型的伪科学思维，直到后来，医学领域才发明了大样本随机双盲对照实验，所谓"双盲对照实验"就是随机通过大量的对照组来比对，看看治疗方法和药品到底有没有作用。比如，法国医生皮埃尔·路易斯，花了7年时间对2000名病人进行临床观察，发现放血疗法非但没有效果，反而十几倍地升高了死亡率。从那以后，像放血疗法这种不靠谱的治疗方法才从医学上被剔除掉。自从开始采用科学的临床实验，医学界在短短的200年里就获得了突飞猛进的发展。

人们为什么不愿意承认自己错了？因为人们有个错误的观念：认为犯错等于无能。当自己一直相信的东西受到事实挑战的时候，为了维护自己的形象，就会选择通过寻找借口、忽略证据等方式去替自己辩解。打肿脸充胖子，死要面子活受罪。

《你当像鸟飞往你的山》这本书里讲过，一个爸爸坚定地以为某一天是世界末日，可是那一天到来后世界并没有毁灭，明明被打脸，但第二天他依旧相信他原来相信的教义，没有理由地相信。

回到航空领域，我们再看看他们是怎么做到尽善尽美地反思的。20世纪40年代，波音公司著名的B-17轰炸机经常莫名其妙地发生跑道事故。他们没有加大对飞行员的惩罚力度，也没有追究到个人，而是经过专门的研究，发现是驾驶舱的设计有问题，控制飞机副翼的开关和着陆装置的开关一模一样，而且还挨在一起，飞行员一紧张就会按错。所以，他们解决的办法很简单，不是责备任何人或惩罚任何团队，而是把两个装置分开，于是，类似的事故彻底消失了。

如果你是个管理者，请一定记住，如果团队员工犯错了，先反思，没必要上升到人格问题；如果你是个老师，请一定记得，学生犯错了，告诉他怎么改正就好，不要骂他笨；如果你是家长，请一定要明白，孩子没考好，帮助他找到原因，不要上来就指责。因为如果你没这么做，人们就会倾向于隐藏错误。

作为个人，请一定记住，自己犯了错，要充分反思，不要过分自责，过分自责并不能帮你成长，而反思可以。

对事情苛刻，别对人苛刻。用制度和法规限制人性，用反思和思考改正错误。这是我能告诉你的最好的思维模式。

《黑匣子思维》这本书给了我们以下三条干货建议。

一、不要被过强的自尊心干扰

一个人如果常年有着过强的自尊心，就很容易陷入麻烦，不进步、不反思。因为他太在乎自尊心，一点小失败，就容易长挫不起。

比如，牛津大学有些学生有一种奇怪的行为，就是会在关键时刻突然毁掉自己以前所有的努力，要知道他们可是牛津大学——世界顶级名校的学生，竟然也会如此。他们每个学期末都有一场重要的考试，一般就算平时没有学好，学生们也会在考前阶段临时抱佛脚，抓紧时间复习一下，努力一把，万一最后考试过了呢。但是有一些学生很反常，平时表现很优秀，到了最后关头却选择用非常消极、被动的方式对待考试。他们会在考试的前一晚把自己灌得烂醉，或者干脆跑到很远的地方去玩，直接缺考。

为什么他们要用这种自我毁灭的方式对待自己呢？其实这种行为很常见，在心理学上被称为"自我妨碍"：因为他们太害怕失败了，所以只要最后的成绩和他们的预期有差距，他们就会给自己贴上失败者的标签，而这样会深深伤害他们的自尊心，要知道他们可是牛津大学的高才生，平时无比优秀。所以为了防止这种伤害发生，他们会拼命保护自己，而保护自己的方式就是蓄意毁掉机会，给自己的失败找借口，把一切都归因于外界。

要是自己喝得烂醉，或者没有参加考试，那失败的原因就是外界的，跟自己无关。但是，如果自己认真准备，考试却失败了，那就是自己的原因了。

越是好学校、好公司里的人，这种想法越普遍，为了维持这种虚假的良好形象，他们通常会被迫放弃很多机会。他们保护自己自尊心的欲望太强了，以至于错过了从错误中学习的机会。

我经常觉得，自尊心太强不是什么好事。在学习面前，每一个人都应该是谦虚的。一个人自尊心强不一定会被人尊重，一个人被人尊重只有一种情况：就是他值得被人尊重。

所以，在犯错的时候请认识到，错误并不会伤害到一个人的价值，和一个人的能力也没有必然关系，和一个人的人格和品行更没什么关系，错误和失败都是让自己成长和进步的契机。

二、设立机制

当一个人犯错时，减少对他错误行为的谴责，无论是班级、学校，还是公司、集体，都要去创造允许失败的文化氛围。除此之外，要相信机制和制度的力量。比如，在做事之前设置清晰的目标、列清单，在做事之后反思得越细越好。因为很多失败都是从细节开始的。

就像有一则笑话里面提到的：一个打马掌的士兵没打好一个马掌，结果马跑的时候就让士兵摔了一跤，士兵摔了一跤就导致打了一场败仗，打了一场败仗就导致国王失去一个国家。也就是所谓的"蝴蝶效应"：一只南美洲亚马孙河流域热带雨林中的蝴蝶，偶尔扇动几下翅膀，可以在两周以后引起美国得克萨斯州的一场龙卷风。

三、用以失败为基础的方式提前做预演

《黑匣子思维》中提到了一种方法叫"死前验尸法"，这是一种以失败为基础的、验证项目可行性的方式，是一种顶级的快速试错、从失败中汲取经验的方法。

"死前验尸法"是在一个项目开始之前就告诉所有人，这个项目已经失败了，现在，团队的所有人一起来做一个思想实验，推演出这个项目失败的原因。在这个过程中，所有人都可以畅所欲言，让自己找到的理由尽可能看起来合理化。通过这种把失败提前具象化预演的方式，可以很好地找到新项目的盲区，让本来被掩盖的问题浮出水面，让团队更好地获得成功。

这种方法成本很低，但是可以反思得很彻底。成功的原因多种多样，失败的原因就那么几个，找到它们，然后提前采取行动补救。

当然，对于个体的提高，我还有几条建议：

第一，写日记，每天记录自己做得不好的事情，写得越详细越好，第二天改正。

第二，请教牛人和过来人，他们懂的比你多，能更好地帮你复盘。

第三，和志同道合的人一起反思。这样，你不容易孤单。

第四，把复盘和反思当成生活的常态和习惯，每天晚上睡觉前、每天清晨起床时都可以闭眼回顾一下。

第五，光想不够，一定要持续地做点什么。

事实上，我们每个年龄段都需要反思，当你对每一段人生都进行总结反思，对每一个看起来自然而然却又难以理解的现象进行分解、剖析的时候，都能得出很多新的、有价值的东西。特别是当你翻看你过去的照片和信件，发现过去的自己很幼稚、过去的想法很可笑时，恭喜你，你进步了。

每一次总结和反思，只要足够深刻，足够深入骨髓，乃至触及灵魂和价值观，都是一次凤凰涅槃，浴火重生。

这就是佛教里说的"悟"，也是思维的最高境界。当然，在真正的"悟"之前，一定要经历很多阶段的准备与努力，需要经历大量的学习和行动。接着，你会发现思想上忽然有了大的突破，突然融会贯通、豁然开朗了。

这种大突破带来的，一定是格局的提升和生活的豁然。具备了这种思维还不够，还需要一个工具，这个工具就是清单。

如何具备解决复杂问题的思维

世界上只有两种事情：复杂事情和简单事情。

有时候一件简单的小事没做好，可能整件复杂的大事就做砸了。但其实，你每天的生活是可以更加规律的，再乱也可以找出一些规律。怎么去找规律呢？答案就是：列清单。

简单的三个字包含了高水平思维的最高境界：如何在复杂的事情中减少犯错。

清单在这些年帮了我很多忙，阿图·葛文德[1]的《清单革命》是我特别喜欢的一本书。

---

[1] 印裔美籍外科医生和新闻工作者。

葛文德是名医生，他的工作性质决定了他必须小心谨慎、避免犯错，因为这个行业的错误是以生命为代价的。普通人也会发现清单能帮助自己做很多事情，至少能让日常多一点顺序和逻辑。

一、为什么要用清单

一天，约翰就给我讲述了一个这样的故事：

在万圣节的晚上，他的医院接收了一个被刺伤的病人，这名男子因在化装舞会上和别人发生争执而受伤。

起初，病人情况稳定，呼吸正常，也没有表现出疼痛难忍的样子。他只是喝多了，嘴里嘟嘟囔囔地不知道在说些什么。创伤组医护人员迅速用剪刀将他的衣服剪开，然后对他的身体进行仔细检查。这名男子略显肥胖，大概有90公斤重，赘肉主要集中在肚子上，而伤口也在这个部位。伤口长5厘米，就像张开的鱼嘴，连腹腔大网膜也翻了出来。约翰他们只需把这名男子推进手术室，进行仔细检查，以确保他的内脏没有受到损伤，然后将那个小伤口缝合就行了。

"没什么大事。"约翰说。

如果病人伤势很严重，你看到的场面会截然不同：创伤组会冲进手术室，病人的担架床会被飞快地推进去，护士们则会迅速准备好各种手术器械，而麻醉医生也不得不匆匆就位，他们没有时间仔细查阅病人的病历。但是，当时的情况并不严重。创伤组觉得有充足的时间，不用火急火燎。所以，他们让病人躺在创伤诊疗室的担架床上，等待手术室准备就绪。

但情况突然急转直下，一个护士发现那个病人不说话了。他心跳过速，眼睛上翻，而且在护士推他的时候一点反应也没有。这位护士立刻发出了急救警报，创伤组成员蜂拥而至。那时候，病人的血压都快没了。医生和护士立刻为他输氧，并迅速为其补液，但病人的血压还是没有上升。

于是，我刚刚提到的那个假想场景不幸变成了现实：创伤组冲进了手术室，病人的担架床被飞快地推了进去，护士们迅速准备好各种手术器械，麻醉医生不等仔细查阅病人的病历就匆匆就位，一名住院医生将一整瓶消毒液倒在病人的肚子上。约翰抄起一把大个儿的手术刀，干净利落地在病人的肚子上划出了一条上至肋骨、下至耻骨的长口子。

"电刀。"

约翰将电刀头沿着切口的皮下脂肪向下移动，将脂肪分开，然后再将腹肌的筋膜鞘分开。就在他打开病人腹腔的一刹那，大量鲜血从腹腔内喷涌而出。

到处都是血。这可不是一般的刺伤，那把刀子扎进去足足有30多厘米深，一直扎进了脊柱左侧的主动脉，就是那根将血液从心脏送出的大动脉。

"谁会做出这么疯狂的事情来？"约翰说。另一个外科医生马上用拳头压在血管破裂处的上方，可怕的大出血终于得到了一定的控制，危急的局势渐渐稳定下来。约翰的同事说，自从越南战争结束后，他就再也没有见过这么严重的创伤。

结果还真是被这个医生给说中了。约翰后来才知道，在那天的化装舞会上，行凶者扮成了一名士兵，他的枪还装上了刺刀。

这位病人在死亡线上挣扎了几天，最终挺了过来。直到现在，约翰只要一提起这件事还是会懊悔地连连摇头。

创伤的原因有很多，当病人被送到急诊室的时候，医护人员几乎做了他们应该做的一切：他们对病人从头到脚进行检查，仔细跟踪测量病人的血压、心率和呼吸频率，检查病人的意识是否清楚，为病人输液，打电话让血库准备好血袋，而且还给病人插上了导尿管以确保其尿液排尽。该做的他们几乎都做了，但就是有一件事情谁都没有做，那就是询问送病人过来的急救人员，到底是什么器械造成了创伤。

——节选自［美］阿图·葛文德《清单革命》

这就是我们这个大千世界，它奇妙奇幻，我们到底能掌控多少？有哪些事情根本不在我们的可控范围之内？为什么我们总是犯错，有些错误还如此低级？

这个世界上有两类错误：

第一类错误是"无知之错"，我们犯错是因为没有掌握相关知识，比如，有些暴风雪我们尚无法预测，有些心脏病发作我们尚不知道该如何预防和救治。

第二类错误是"无能之错",我们犯错并非因为没有掌握相关知识,而是因为没有正确使用这些知识,就像上面的故事一样。

这个时代有一个很大的变化,我们惊奇地发现,原来倾向于"无知之错"的天平现在越来越倾向于"无能之错"了。**在人类历史的绝大部分时间里,我们的生活主要被"无知之错"所主宰。但在过去的几十年时间里,科学为我们积累了大量知识,互联网让我们逐渐看到生活的各个角落,以至于我们现在不太用对"无知之错"担忧,我们更应该应对"无能之错"的挑战。**

当信息过多,世界越来越复杂时,我们应该如何避免犯错?

一对夫妻带着自己3岁大的女儿去屋后的林子里散步,结果一不留神孩子滑进了一个只结了一层薄冰的池塘。虽然他们纵身跳入池塘试图将女儿拉上来,但孩子很快就沉入了水底。直到半小时后,他们才把孩子救上岸。这对夫妻随即拨打了急救电话,急救人员立刻通过电话指导他们对孩子实施心肺复苏。

8分钟后,急救人员赶到了,但他们发现孩子已经没有生命迹象,她的血压和脉搏都测不到,呼吸也停止了。孩子的体温只有19摄氏度,瞳孔已经放大,对光刺激没有任何反应,这说明她的大脑已经停止了工作。

但急救人员并没有放弃,他们依然给女孩实施心肺复苏。一架直升机将孩子火速送往附近的医院。一路上，急救人员不停地按压女孩的胸腔，等直升机到达医院后，他们直接将女孩推进了手术室，并把她抬到医院的轮床上。一个外科小组随即赶到，以最快的速度为孩子接上人工心肺机。

人工心肺机的个头和一张办公桌相当，外科医生必须将孩子右侧腹股沟的皮肤切开，将一根硅胶导管插入股动脉，让血液流入机器，并把另一根导管插入股静脉，再将氧合后的血液送回体内。一位体外循环灌注师打开人工心肺机的血泵，调整氧含量、温度和流量等参数。女孩的血液开始经体外循环，心肺机的管子也随之变成了鲜红色。直到一切就绪后，急救人员才停止按压女孩的胸腔。

把女孩送到医院的时间和为她接入人工心肺机的时间加起来总共是一个半小时。不过，在两小时关口就要到来之际，女孩的体温上升了6摄氏度，她的心脏重新开始跳动，这是她身上第一个恢复功能的内脏器官。

6个小时过后，女孩的核心体温已经达到正常的37摄氏度。医生试图用机械式呼吸机替换下人工心肺机，但是池塘里的水和杂物对孩子的肺造成了严重损伤，输入的氧气无法经由肺部进入血液，所以医生只能为她接上一种名叫体外膜肺氧合机（Extracorporeal Membrane Oxygenation, ECMO）的人工肺。为此，医生必须用一把锯子打开女孩的胸腔，并且将便携式体外膜肺氧合机的导管直接插入女孩的主动脉和跳动的心脏。

待体外膜肺氧合机启动后，医生将人工心肺机的导管移除，对血管进行了修复，并将腹股沟上的切口缝合。外科小组随后将女孩送到了重症监护室，她的胸腔依然打开着，上面覆盖着无菌塑料薄膜。在接下来的一整天时间里，重症监护团队一直用纤维支气管镜吸除女孩肺里的积水和杂物。一天后，她的肺恢复良好，可以直接使用机械式呼吸机了。于是，医生又把她送回手术室，将体外膜肺氧合机的导管拔掉，修复血管，并将胸腔闭合。

在接下来的两天时间里，女孩的肝、肾和肠等器官都恢复了功能，但大脑还是没有反应。CT扫描显示，女孩的整个脑部都有肿胀的迹象，这是弥漫性损伤的特征，但脑部没有任何区域死亡。所以，医生决定采取进一步行动，在女孩的颅骨上钻一个小孔，放入一个探头以监控脑压，并通过控制脑液和使用药物等手段不停地对脑压进行调整。在随后的一周多时间里，女孩一直处于昏迷状态。但最终，她渐渐地苏醒了过来。

这个故事之所以令人惊奇，并不只是因为医生把这个女孩救活了，还因为他们能够在混乱的医院里有条不紊地成功实施那么多复杂的治疗步骤。

后来他们复盘，数十位医护人员要正确实施数千个治疗步骤，每一步都很困难，而要将这些步骤按照正确的顺序、一个不落地做好更是难上加难。

他们怎么做到的？答案是：通过清单。他们曾经遇到过这样的事情，在第一次遇到的时候就写了清单，于是救了这个女孩。

在重症监护室里，每个病人平均需要178项护理操作，非常复杂，人脑很难记住，但只要有了清单，一切就能简单很多。

但凡遇到复杂问题，想要不犯错，清单是避不开的。

二、怎么用清单

1. 用清单组织一个井然有序的团队

现在这个时代，已经不是一个人就能成为超级个体的单挑时代了。比如，在职场里就一定是需要团队作战的。那些所谓的专家、天才、超级个体，在这个时代的团体作战中已经有些黯然失色了。有一天葛文德看到他们单位楼下在建高楼，他越看越好奇，这么高的大楼，上千个步骤，建筑工人凭什么确定一切都万无一失呢？

然后他找到了自己的朋友，而这个朋友就是建造大楼的总设计师，当朋友把葛文德带进他所建大楼的会议室时，他一下全明白了：在大型白色椭圆会议桌周围的墙上，贴着很多砧板大小的清单。

施工日程安排表、交流清单、项目管理清单……每干成一件事，就给这项工作打上一个钩。所以他意识到一件事，施工日程安排表实际上就是一张长长的清单。让不同的人完成就行。所以如果你组建了一个团队，不要过于相信人性，更需要做的是用制度和清单限制住人性。

著名摇滚乐手大卫·李·罗斯是范－海伦乐队的主唱之一。每次签订巡演合同的时候，罗斯都会坚持在合同中包含这样一个条款：后台化妆间里必须摆放一碗 M&M's 巧克力豆，而且里面不能有一粒棕色巧克力豆，如果主办方没有做到的话，演唱会将被取消，主办方还要对乐队进行全额赔偿。至少有一次，范－海伦乐队因为上述原因霸道地取消了科罗拉多的一场演唱会，仅仅因为罗斯在化妆间里找到了棕色的巧克力豆。有人或许会认为大明星总是喜欢摆谱、矫情，提出不近人情的苛刻要求。但其实不然，这是罗斯用来保障演唱会安全的一块试金石。

　　罗斯在其自传《来自热浪的疯狂》一书中写道："范－海伦是第一支将演唱会开到偏远城市的乐队。我们的设备足足装了 9 辆 18 轮卡车，而一般的演唱会只需要 3 辆卡车就行了。工作人员一不留神就会犯技术错误，比如，横梁因为无法负重而倒塌，地板也会因为不堪重负而塌陷，还有舞台的门不够大，舞台置景无法通过。演出的合同附文读起来就像是看黄页一样，因为设备实在是太多了。调试安装工作需要大量人手。"所以，他们设计了一个小测试，也就是合同附文的第 126 条那个关于巧克力豆的条款。罗斯写道："如果在后台放置巧克力的碗里发现了棕色巧克力豆，我们就会对各项装配工作逐一进行检查。我保证会发现技术错误，会碰到各种各样的问题。"这些可不是鸡毛蒜皮的小事，一些错误会威胁到人们的生命安全。就拿那次被取消的科罗拉多演唱会来说，乐队随即就发现当地主办方没有仔细阅读有关舞台重量的要求。如果演出如期进行的话，舞台完全有可能在演出中坍塌。

这就是清单的作用，如果不按照清单一条条完成，错误永远会在意外的时候出现。

2. 权力下放

原来，我们的企业和公司依靠的是权力集中，高层做决策，下层执行，现在不是，因为无论一个人有多么聪明，知识有多么渊博，他都不可能独立完成一件极其复杂的事。

所以需要权力下放，需要调动下层员工的激情。

2005 年 8 月 29 日早上 6 点，卡特里娜飓风在新奥尔良市登陆。起初，报道出来的消息大幅低估了灾害的严重程度。由于电力被切断，各种通信中断，之后的消息无法发送出去。到了下午，大部分市区已经被洪水淹没。当时，美国政府的相关负责人在新闻发布会上宣称，局面尽在掌控之中。

但实际上新奥尔良 80% 的市区已经被洪水淹没。有两万多难民滞留在超级圆顶体育场，无家可归。最可怕的是，人们为了食物和水而开始抢劫，美国不禁枪，暴力事件发生率急速上升。很多当地政府官员和自发组织者竭尽全力联络联邦政府，但通信无果，后来他们用尽所有办法，通过电话找到某位官员时，得到的回复是：请耐心等待。因为相关信息需要逐级上报，这逐级上报不要紧，麻烦却接踵而来。因为有太多决策要做，但是决策者得到的信息不够及时，不够具体，他们不知道应该向什么地方提供什么样的帮助，而且政府拒绝放弃传统指令模式。

灾情不断恶化，而各级政府在争论流程、决策权中浪费了宝贵的救援时间，这造成了可怕的后果。"当局拒绝满载饮用水和食物的卡车进入灾区，因为他们的救援计划并不包括这些内容。公车征用令迟迟不下发，美国交通运输部直到两天后才收到正式的公文。"

这个时候数万人已经被困，需要及时疏散，但与此同时，新奥尔良却有200多辆公共汽车被闲置在附近的高地上。让人意想不到的是，在所有组织中，把救灾问题的复杂性理解得最透彻的竟然是沃尔玛。

一个公司怎么可以做得这么好呢？后来，人们对沃尔玛在救灾过程中的表现进行研究，发现他们有一件事做得特别好——把权力有效下放。

得知新奥尔良受灾的消息之后，沃尔玛首席执行官李·斯科特只是发布了一条非常简短的指令："本公司将对风灾做出相应级别的响应。"

有人记得他在公司高层会议上是这么说的："在座各位将要做出超出自己级别的决定，请务必根据所掌握的信息及时做出最佳的选择。记住，最重要的就是做正确的事情。"

在风灾中，沃尔玛的高层把工作重点放在设定目标、监控进度以及保持和一线员工及政府机构的联络上。在应对这一极端复杂的危机时，他们权力下放，没有发布具体的指令。

沃尔玛共有 126 家门店因为被淹或停电而歇业，有 2 万多名员工及家属被困，公司的救援行动最早把帮助他们作为工作重点。有一半以上受损的门店在行动开始后的 48 小时内重新开业。

最了不起的是，仅仅在飓风登陆两天之后，公司的物流团队已经想办法让一辆辆满载着食品、饮用水和救援设备的卡车绕过重重障碍，到达迫切需要援助的灾区。他们在政府救援力量到达灾区的前一天，就把水和食物送到灾民甚至是美国国民警卫队的手里。在整个救援过程中，沃尔玛总共运送了 2498 集装箱救援物资，并为灾民和指挥中心捐赠了价值达 350 万美元的物资。

是不是很值得我们去借鉴？清单不用事无巨细，要给下属可以发挥的空间，放权让他们发挥和创造。

三、越简单越好

有些清单很复杂，复杂到医生都看不懂。有些医生在给患者做手术的时候，还拿着清单看，太长了，看不懂，还要让别人帮忙解读。此时在手术台上的患者更是受惊不小。所以，清单要简单。

巴基斯坦有一个慈善项目，这个项目旨在降低贫民窟儿童过高的夭折率。贫民窟居住着 400 多万人，因为多年的贫穷和食物短缺使 30%—40% 的儿童营养不良。每 10 个孩子中就会有 1 个活不到 5 岁，主要死因为腹泻和急性呼吸道感染。

这个问题不是一时半会儿可以解决的，而且导致这一问题的原因有很多、很复杂。除了供水系统和排污系统不完善以外，当地居民不识字也是一个重要原因，学习基本卫生知识非常困难。当地政治不稳定，腐败问题、官僚问题严重，所以很少有人愿意在那里投资兴业，当地居民也就很难找到工作，很难挣到钱来改善自己的生活条件。在这种情况下，该怎么办？

有一个人想出了一个特别有意思的办法，但是在他同事的眼里，这个想法甚至非常可笑，那就是使用香皂。

他叫卢比，他在贫民窟里随机挑选了 25 个居民区，让志愿者每周在这些地方走街串巷，发放香皂和清单，其中一些是含有新型消毒成分的香皂，另一些则是一般的香皂。清单上写得非常简单，在以下 6 种情况下使用香皂："每天洗澡的时候；每次大便之后；擦拭婴儿的时候；吃饭、做饭之前；给他人喂食之前。"

怎么样，简单吧！但正因这个简单的举措，在这段时间里，当地儿童的腹泻发病率降低了 52%，肺炎发病率下降了 48%，而脓疱疹这种皮肤细菌感染的发病率下降了35%。

具有讽刺意味的是，投资公司宝洁认为，研究结果非常令人失望。"因为添加了消毒成分的香皂并不比普通香皂更加有效，普通香皂就能达到非常理想的效果。虽然贫民窟各方面的条件都非常糟糕，但使用普通香皂的效果的确让人啧啧称奇。"

所以买普通香皂就挺好，经济实惠。

四、增加熟悉团队

有一次，葛文德为一个80岁的老人实施急救手术，在1个小时之内，病人就被送进了手术室。

因为很着急，他们临时组了个团队。虽然互相都不认识，但他们通力合作，让这位病人活了下来。他们只花了2个多小时，就把原本可能要12个小时的工作完成了。几天后，这位老人就出院了。

为什么他们可以配合得这么好？后来他们发现，有人在原有的清单上加了一条：

自我介绍。

清单上列出了一个有助于促进团队合作的检查项目，就是医护人员在手术开始之前应该熟知彼此的姓名，不要小看这条，因为不知道彼此姓名的人往往不能很好地合作。你必须跟你的合作伙伴熟悉起来。后来他们把这一条清单项目进行了推广。

共有 11 名外科医生同意参加试验，其中包括 7 名普外科医生、2 名整形外科医生和 2 名神经外科医生。3 个月后，在他们带领的手术团队中，认为团队合作状况十分理想的人数比例从 68% 跃升到 92%。

美国加利福尼亚州凯泽医疗集团的研究人员也对他们开发的清单进行了为期 6 个月的测试，总共涉及 3500 台手术。在此期间，手术团队成员对于团队合作氛围的评分均值由"好"变成了"非常好"，员工的工作满意度上升了 19%，手术室护士的离职率从 23% 下降到了 7%。

五、时常更改修正自己的清单

2008 年 1 月 17 日，英国航空公司的 38 号航班迫近伦敦，准备降落。这架飞机是从北京起飞的，已经飞了将近 11 个小时，机上载有 152 人。飞机正在进行最后阶段的下降，马上就要降落在伦敦希思罗机场。那时刚过正午……机上的人们怎么也不会想到，已经飞过了千山万水，就在马上要到达目的地的时候会大祸临头。

飞机下降到 220 米高度，飞过一片居民区，距离机场还有 3 公里远……突然，引擎推力瞬时减小，先是右侧引擎，然后是左侧引擎。此时，副机长正在操控飞机，但无论他怎样用力推油门杆，发动机就是没有任何响应。

他完全是按照操作清单来的。忽然，隆隆的引擎轰鸣声消失了，飞机开始坠落。

"整架飞机就像一块重达160吨的大铁砣向地面重重地砸去。"不幸中的万幸是，这起事故没有造成任何人员死亡。结果，相关部门开始调查。查了很久，发现所有操作都是按照清单执行的，大家从没遇到过这么奇怪的事。

很长一段时间后，事情终于水落石出。

航空燃油一般会含有少量水汽，每4升燃油一般不超过两滴水。当飞机穿越极地的时候，燃油里的少量水分会结成小冰晶，悬浮在燃油中。人们从来没有认为这是个大问题，但他们忽视了一种可能，在进行长途极地飞行的时候，燃油的流速很慢，所以小冰晶有时间沉淀下来，然后聚积在油箱的某个地方。当飞机即将降落的时候，燃油的流量突然加大，这可能会导致聚积起来的冰晶阻塞油路。

所以，2008年9月，美国联邦航空管理局发出了具体警告，详细说明了在跨越极地飞行过程中，飞行员应该如何防止冰晶在油箱中聚积的操作规程，还说明了当发动机失去动力后，飞行员应该如何恢复动力的操作程序。世界各地的飞行员要在30天内知晓相关信息，并且熟练掌握相关操作。

航空公司把这一条更新到飞行员操作清单中。

清单要随着时代的变化不停更新。比如，我们年初给自己列了个梦想清单，到了年中时，就应该给自己减少几条。

六、几条建议

我们经常说，好记性不如烂笔头，所谓烂笔头，就是清单。当事情复杂起来时，为了减少错误，清单思维能带你走很远。

最后我给大家分享几条干货：

第一，每天晚上应该把第二天要做的事情列一个清单。

第二，学习的时候要给自己的计划列一个清单，不然你只是看起来很努力。

第三，工作的时候，要把每件小事列一个清单。

第四，出门的时候，为了防止东西没带，列一个清单，按照清单带。

第五，做每件重要的事情时，把事情拆分，拆到不能再拆，然后列一个清单。

第六，对于人生，也要有个不大不小的清单，再用这一生去完成。

好的思维习惯，

能从根本上

改变人的一生。

自我迭代：

别让惯性思维禁锢了你

所有没有方向的努力，都是瞎努力，
而正确的方向，就是工作中的胜者思维。

工作中的强者思维

一、先理解再懂得

有一个很有名的作家叫博多·舍费尔，1960 年出生在德国，从小家庭就很穷，他 16 岁书没读完就到美国打拼，虽然他很努力，却在 26 岁破产了。

所有没有方向的努力，都是瞎努力，而正确的方向，就是工作中的胜者思维。努力很重要，但方向比努力更重要。

26 岁之后，博多·舍费尔找到了自己的投资教练，在教练的带领下，他学习了很多投资的理念，完善了理财思维，了解了很多理财的方式,加上自己的坚强意志,最后达成财务自由。那他做了什么？

答案只有两个字：学习。

先要理解才能懂得，只有懂得才能赚钱，而比赚钱更重要的是学习。如同比武装自己的钱包更重要的是武装自己的大脑，比健身更重要的是健脑。

多年之后，博多·舍费尔写了一本书叫《财务自由之路》。

二、复利价值

什么是财务自由？很简单，我们刚进入职场的时候，要用自己的时间和精力去换取收入。我们从廉价出卖自己的时间到高价出卖自己的时间，本质是你的能力越强，你的时间越值钱。直到有一天，你的能力强到了雇主付不起你钱的时候，你就可以跳槽或者创业了。但大家知道，出卖自己的时间，本质上肯定是划不来的，因为时间比金钱重要，金钱可以赚，时间却不能回头。那什么叫财务自由？就是有一天，你不用通过出卖自己的时间来生活，而且还能活得很体面，这就是财务自由。甚至，你可以有足够的钱去购买别人的时间，让别人花时间为你打工和服务，而你可以通过复利的形式来生活，这就是财务自由。

我原来在新东方当老师，刚开始工作是 1 小时 140 元，后来，随着课越讲越好，学生越来越喜欢我，课时费就越来越高。你的不可替代性决定了你的工资，如果你的课已经好到外面的老师请你讲课比新东方请你讲课的价钱要多，你在公司的课时单价就会升高，这时候你要么辞职，要么要求涨工资。我选择的是辞职创业，有了我自己的公司，我可以自己给自己定价。直到有一天，你不用上课了，可以雇几个老师上课，你在享受复利了，就实现财务自由了。

另一个实现财务自由的方法是，并非一次而是多次出售你的时间。比如，当你的课讲得足够好，内容足够好，你的时间是可以进行多次出售的，这是新时代的新思路玩法，也是我们常说的"睡后收入"[1]。有"睡后收入"的人生活更稳定，比如2020年新冠肺炎疫情期间，很多人没办法上班，但对那些有"睡后收入"的人来说，并没有受到太大的影响。

博多·舍费尔在写第一本书的时候花了很长时间，而他没有为此收获分文。接着，他又用了几乎半年的时间寻找出版社。这本书被差不多50家出版社拒绝了。没有人为他的时间和努力买单。在这几个月里，随便哪个服务生都会比他写书和寻找出版社赚得多。

但是他没有放弃，博多·舍费尔经历了冒险，并且把全部时间用在学习上——他开始学习出版流程，对写作和出版业的了解几乎达到了无所不知的程度。然后，他写了一本书，这本书的销量在4年中达300多万册，博多·舍费尔自己也赚到了几百万美元。即使

---

[1] 网络流行词，是指被动收入，即不需要花费多少时间和精力照看，就可以自动获得的收入，是获得财务自由和提前退休的必要前提，但不代表不劳而获，此前往往需要经过长时间的劳动和积累。

在今天，博多·舍费尔依然可以从卖出的每本书中赚到钱。这就是所谓的"睡后收入"。

这种多次收入的机制存在于许多领域。

比如，作曲家、歌唱家、音乐人按版权计算收入；市场咨询从销售额提成中获取收入；房子等不动产所有者收取地租获取收入；拥有专利发明权的发明家；参与投资分红的演员；获取报酬的游戏发明者；企业家的股权和期权……

其实，在信息时代，人们不必用时间来换钱，可以用想法来换取金钱，并且一直赚下去，而不必投入新的时间。这个时代正在从旧规则进入新规则。

三、金钱决定一个人的自由度

我遇到过的很多人都在说（包括曾经的我自己）：你总是谈钱，庸俗不庸俗？我热爱工作，我只想工作，不想谈钱。在职场上，谈钱其实并不庸俗，我认为不谈钱不仅庸俗，甚至无耻。试想，一个老板只跟你谈工作，从不跟你谈钱，那你来干吗？为了公益事业？但换句话说，如果员工总跟你谈钱，也麻烦，这样的员工不能要。

所以，我们要重新理解钱的概念，也要重新定义工作。所谓工资，是工作价值的体现，那么金钱呢？金钱是善物，金钱能给一个人更大的自由，只要是正当赚来的钱，没什么丢人的。

不管你相不相信，金钱确实改变了人生活中的许多东西。虽然金钱不会解决所有问题，也绝不是万能的。但是，没有钱是万万不能的，缺钱会使你的幸福蒙上一层阴影。有了金钱，你在处理问题的时候便能尝试多种方式，你也会有更多的选择和可能。而且，你也将会有机会结识更多的人、参观风景优美的地方、得到更加有趣的工作、获得更多的自信、赢得更多的赞赏、获取更多的机会。

所以钱是什么？我的观点是，它决定一个人的自由度，有了这个东西，你可以选择更广阔的生活。

钱是个人价值的体现。大家知道为什么西方人不会问他人的工资吗？因为工资就是一个人价值的体现，是隐私。尤其是刚开始工作的朋友，一定记住要先度过生存期，再去谈梦想。但是在度过生存期时，千万不要忘了自己的爱好和兴趣。

四、去做自己热爱的事

其实人想要在工作中做得很好，想要赚到钱，最好的方式就是改变自己的思维，**你的思维决定了你现在的样子。**

有个非常常见的现象，有些人工作并不能做自己真正感兴趣的事情，或许是为了一时稳定，或许是因为缺钱。这样就造成一个恶性循环：许多人并没有从事自己感兴趣的工作，因为他们不知道如何从兴趣中获利；也很少有人因为从事了自己不喜欢的行业而发大财；因为缺钱，大多数人选择继续待在原来不喜欢的工作岗位上，因为不喜欢这份工作，于是更赚不到钱。

所以，你一定要将事业建立在你最大的爱好之上，用你的爱好来赚钱。你可能不太确定自己喜欢的是什么，没关系，多试一试，花点时间分析一下自己真正感兴趣的是什么，你的才能在哪方面，什么行业更需要你。之后你才有可能从事一份自己既感兴趣又能赚钱的工作。

你不能连自己都不知道自己喜欢什么，因为谁也不能帮你思考。

其实，整天工作的人是没有时间来赚钱的。人一定要花时间去认识自己，弄清自己真正感兴趣的是什么，而不是蒙头转向地在职场中工作。去想一想你应该如何用爱好来赚钱。最好每天都问自己一遍，再一步步地找出最满意的答案。

很多人以为，为了赚钱，做的事一定不是自己喜欢的，其实恰恰相反，一定是先做自己喜欢的事情，做到了极致，做到不可替代，最后才能赚到钱。至于你喜欢什么，完全取决于你对自己的理解。假如你就喜欢打游戏，没关系，打到电竞水平也可以赚到钱；假如你喜欢看韩剧，看到能当编剧的水平，也可以赚到钱。这些年我其实挺怕的是一个人走过来跟我说：我能吃苦。常言说吃得苦中苦，方为人上人，但是这个时代变了，吃得苦中苦，不一定能成为人上人。

记得有一次我在家写作写到了凌晨，我妈到处跟别人说这个孩子好苦啊，每天要写这么多字，我说没有，我第二天睡了一天,挺爽的。

包括我写这篇文章的时候，也是写到了凌晨。我为什么不觉得苦？因为热爱，我喜欢这种表达的感觉。

只有热爱到骨子里，才能成为人上人。所以我现在特别害怕年轻人说，我能吃苦，这是很可怕的，尤其是面试的时候，他跟我们面试官讲，我能吃苦。我不是让你来吃苦的，我是让你来奋斗享乐的。

要去做自己热爱的事情，这些事情比不热爱、硬吃苦重要得多。

所以，当思维有了变化，做事的方式就会变。思路改变出路。

财务自由的本质，是自我从内到外的改变，而不是跟别人学习外在的消费、外在的穿着。这其实就像学英语一样，一开始背单词没太大变化，后来每天变化一点，忽然，你发现自己看懂英文电影不需要字幕了。这就是从 0 到 1 的改变。

换句话说，如果你是一个厉害的人，事情做得特别好，做到足够不可替代，能力超强，钱自然会来。请记住，你盯着事情，钱自然来；你盯着钱，事情就来找你。所以，赚钱不重要，重要的是转变赚钱的思维：让自己成为一个优秀的人。把事情做好了，钱就是附属品。

我看到一句话说得特别好：男孩子一定要把眼光盯着远方，因为如果你老是盯着身边的姑娘，姑娘就老是盯着远方，你要是盯着远方，姑娘就会盯着你，因为你太迷人了。

其实做事也是一样，把事情做好，钱是身外之物。

五、多花时间去提高自己

接下来我们分享几条干货。

第一，如果你得到了 8 个小时的报酬，那么你应该工作 10 个小时。

当一个员工得到了 8 个小时的报酬，那基本上他只用工作 6 个小时。原因很简单，很多时间都被浪费了，比如去楼下买杯咖啡，中午吃饭吃慢点，跟同事抽根烟……

但职场是公平的，如果你得到了 8 个小时的报酬，我建议你应该工作 10 个小时。为自己挣得更多的钱，去培养能使你富裕起来的工作习惯。请注意，这与你为公司付出得"过多"并没有关系。即使你的雇主看不到你的努力，不愿酬报你的努力，但你还是获得了能引领你一直向前的东西：有助于你取得成功的工作习惯。

工作过的人应该都知道，现在电脑上都有一个"老板键"，老板一来，赶紧把游戏、淘宝关掉。我们现在多少人都是在用一周的时间，做了一上午就能完成的事情，这其实并没有占了领导和公司多大的便宜，只是自己吃了大亏。因为你的时间一去不复返了。

我想起之前在一家出版社见到一个设计师，把封面图随便画两笔就交给编辑了，我一个外行看到这个都觉得不对，因为太差了。我就问他，怎么可以这么应付差事？你猜他说什么？他说，干得好有啥用，又不多给你一分钱。

这个思维太可怕了，虽然领导没给你一分钱，但你的时间搭进去了，能力却没有任何提高。

你这段时间没有全部投入，提高自己，打破自己的舒适区，最后的结果肯定就是什么都没获得、没提高。久而久之，你的能力会越来越差，得到的反馈也会越来越少。

我记得我开始当老师的时候，有一位年长的老师就跟我说，尚龙，备课时间又不算课时费，何必呢？几年之后，他就被开除了。

为什么？因为课越讲越差，学生反馈差，课就越来越糟糕。

我从入行第一天就明白一个道理，跟大家分享：好好备课不是为了多赚钱，而是为了让自己这门课可以多次出售，成为复利产品。

只有你上得好，这门课才可以上很久，很多知识点都能放在其他地方用，甚至可以再讲一遍。因为你重视自己的时间，所以你的时间开始逐渐值钱。

这些时间是永远不可能买回来的。时间比钱重要，钱能再赚，但你买下全世界的钟，也不能调回去一秒钟。请重复一遍：时间大于金钱。

所以，每当你做一份工作时，都要问自己一个问题：这段时间我是不是提高了自己。所以如果你得到了 8 个小时的酬劳，一定要去工作 10 个小时，不是为别人，而是为自己。

第二，刻不容缓地处理事情。

如果说世上存在成功的终极秘密，那就是刻不容缓地去处理日常事务的能力。为自己制订一条指导原则：当一件事来临时，尽可能快地着手去做。把它当成一件有趣的事来做：用你快速的执行能力去震惊每一个人。

让你的表走得快一些。也许工作速度太快，会犯错误，但这没什么。首先，积极一定是好的，能主导很多事；其次，犯错也对人有益，反思就好。

因为害怕犯错而不去采取行动的人，永远都无法做成大事。你不需要将事情做到完美。完美意味着停滞不前。完成比完美更重要。

绝不要忍受拖延。很多人为了完美，压根儿不去完成。人经常为了完美，就不停地拖延，但实际上很多事情如果不去刻不容缓地做，久而久之就忘了。工作上是这样，生活上也这样，拖延没有任何好处。

这里有两个小窍门：第一，勇敢迈出第一步；第二，列清单，列清单有助于避开拖延。

第三，延迟自己的满足。

人类的大脑在进化时，首先产生的都是本能反应。战利品出现在眼前，人们马上开始战斗；遇到危险时，人们马上爬上树，这是由我们的基因决定的。直到我们进入了农业时代：今天播下种子，几个月后才会收获。这种思维是一个很重要的意识转变，也叫延迟满足。

延迟满足是一种高阶思维，那么，去进行一次为期 3 年的职业培训，进行 4 年到 7 年的大学、研究生学习之后希望可以赚到更多的钱，也是同样的高阶思维。但是学业的完成并不是结束，终身学习才刚刚开始。请一定要相信时间的力量：连续 10 年挥霍，会使人贫困潦倒；连续 10 年吃巧克力，会使人发胖；连续 10 年看电视，会使人变傻。但相反，一个 10 年不看电视，但每天花 2 个小时读有用的专业书籍的人，可能不了解当前的最热的剧，但他会比那些每天看两三个小时电视的人平均多挣两倍到三倍的钱，可能还会更多。

第四，去储蓄，养成存钱的习惯。

使一个人变得富裕的是储蓄而不是收入。这句话其实中国人特别能理解，因为中国人跟西方人不一样，中国人特别爱存钱，西方人喜欢透支未来的消费。这些年，我们很多年轻人也在学习西方的消费方式，花呗借了一大堆不还，还有借了好多校园贷的人。这里我多说一句，我是坚决反对校园贷的，我更反对的是无计划透支未来的消费。

大学 4 年穷点没事儿，你要拿宝贵的时间去学习，提高自己，别总是想着兼职。提高了能力，以后有的是机会赚钱。

有一个储蓄方法叫"百分之十原则"，就是永远存 10% 的收入进银行，不动它。如果你今天挣 1000 元，将 10% 存起来，也就是

100 元。而如果你挣 12000 元，要存下同样的 10%（也就是 1200 元）就困难得多，因为数额大很多。因此，在收入低微的情况下，储蓄反而更容易一些。相对而言，省下 100 元比省下 1200 元容易一些。总量越大，相同百分比的数额就越大。

所以，你应该现在就开始储蓄。不管处于什么样的困境，你的处境永远都不可能比今天更轻松。因此，尽早开始储蓄吧。如果你现在还很年轻，还和父母生活在一起，现在就是最佳时机。储蓄其实是在降低未来的风险，养成储蓄的习惯，尽量不要总是透支未来的消费，因为当你有了一定的储蓄时，才可能会有复利。

有人说，复利是人类第八大奇迹。要了解复利的力量，有三个重要因素：时间、利润率和投入。大家感兴趣的话可以看一本书叫《查理·芒格的投资思想》。我觉得走入职场，还是要懂一些投资的理念，投资是对未来事情的预判，这个思维模式非常重要。

六、改变思维惯性

我这些年一直在强调，命好不如习惯好，而习惯就是思维的惯性。

要想培养好的习惯，除了要持之以恒地学习和成长，还必须做好经历风险的准备。

说回博多·舍费尔，13 岁的时候，他的父亲去世了。他的母亲把父亲和她的处世哲学总结出来，是这样的一种思维：

- "在学校你得勤奋学习，这样你才能找到好工作。"
- "你不能犯错。"
- "不要去冒险。"
- "在一份安稳的工作中寻找安全感，这样你才能过得好。"

相反，他的财富教练是这样说的：

- "向那些你想成为的人学习。"
- "犯错是好事。我们不会从成功中学习，通过错误却能学到不少。"
- "谁不去冒险，就一事无成，一无所有，一文不值。"
- "本没有什么安全感——除非找机会利用我们的能力。"

他的教练问博多·舍费尔有多少钱，他回答教练说："我什么也没有，是个穷人。"

教练反驳道："您是破产了，不是穷人！"然后向博多·舍费尔解释了破产和贫穷的区别：破产是一种暂时的状态，而贫穷是持续的。这对博多·舍费尔来说毫无差别，因为他早就已经心甘情愿做一个经济上的失败者了。

在他的成长岁月里，他但凡想买东西，他的母亲就会说："我买不起。"而博多·舍费尔的教练却教他发问："我怎样才能买得起？"

好的思维习惯，能从根本上改变一个人的一生。

如果你问，我就是一个工薪族，你能不能分享一些通用的知识？《财务自由之路》这套书中有这样一张清单，希望对身处职场的你有用：

1. 请你做到最好；

2. 请你从事能够创造收入的活动；

3. 热爱自己所做的一切；

4. 请你学习，并且不断成长；

5. 请你把自己看作游戏的一部分；

6. 加强你的优势；

7. 永远自信；

8. 真正做到全神贯注；

9. 在职场里要有高度的紧迫感；

10. 公开场合不要进行反对；

11. 请你心胸开阔；

12. 请你承担全部责任；

13. 不要怀疑自己的弱点，而是要展示优势；

14. 要求加薪。

为什么有人会觉得脑袋不够用

在职场中，经常有人说："我脑袋不够用。"其实在生活中也有很多人这么说，这是为什么呢？

直到我看到了《稀缺》，它对我的影响非常大。

网上有个段子是这么说的："为什么有些人几毛钱都会斤斤计较？假设你的手机有 99% 的电，你当然不会在乎那 1%；但倘若你的手机里只有 1% 的电了，你当然就会很在乎那 1%。"这句话听起来逻辑很对，但仔细想是有问题的。网上还有很多类似金句，听起来都很对，仔细一想还是存在很多问题的。

比如，你为什么非要把自己逼到拿 1% 电量的手机出门的地步呢？你就不能带个充电线？不能带个充电宝？

人不要总是把自己逼入稀缺陷阱，要在有时防无时，莫到无时想有时。比如，我一个月赚的工资虽然不多，但无论多少，我拿到工资都会先去银行存个 10%，作为将来救急的备用金。从刚出来工作到今天，无论收入多少，我都会存钱。因为我不要把自己逼到将来有一天要找人借钱才能应急的那种稀缺状态中去。除了金钱上的稀缺，还有思维上的稀缺，一定不要把自己的每一天都安排得特别满，每天要给自己多一点锻炼和反思的时间，这样你的日子可以过得更充实一些。

当你明白稀缺是生活的本质，但你可以通过改变思维战胜它时，你就会厘清以下这些思考：

为什么穷人越来越穷，富人越来越富？

为什么月末总是没钱花？

为什么人总是缺钱、缺时间、缺精力？

长期稀缺的人，会不会伤害到自己的思维？

……

一、什么是稀缺

稀缺的定义很简单：就是"拥有"少于"需要"。

比如，我现在有 1 万元的存款，但我需要 100 万元，我是稀缺的。但如果我只需要 8000 元，我就是富足的。所以一个人在社会上生存，想要不稀缺只用做到两点：

第一，增加自己的物质；

第二，降低自己的欲望。

稀缺不仅仅是客观上的物质稀缺，我们更应该关注的是心态稀缺和思维稀缺。心态稀缺和思维稀缺本质上比物质稀缺还要可怕，这就是网上总有人爱说的"穷人思维"，当然，我们其实不应该把人粗鲁地分为穷人和富人，但可以分为思维稀缺的人和思维富足的人。

不过，稀缺也有一定的好处，比如，稀缺可以提高效率。举个例子，期末考试临近，你之前没有复习，临时抱佛脚，这几天你的效率是不是特别高？因为时间稀缺了，你这几天下的功夫就能赶上过去一学期的。那你过去一学期为什么不多抽几天学习呢？因为时间没到。这个时候，你的全神贯注可以达到任何事情都打扰不了你的程度，你只关心自己的学习。你会进入一种全神贯注的状态，只关注手里的学习任务，这也是进入了稀缺状态。工作上也是一样，最后几天永远是最重要的几天，这种稀缺状态有什么好处呢？它能带来专注红利。

"专注红利"的意思就是，短时间内注意力高度集中，让我们高产出地工作，我们会在专注红利的帮助下把仅有的资源用得淋漓尽致。

你想提高注意力，可以给自己制造出一种稀缺的状态。比如，给自己设立截止日期。这个效果是非常好的。我写作的时候就是这样，每次在出版社催稿前，我才开始爆发出惊人的创作速度。

比尔·沃特森导演在《卡尔文与霍布斯虎》里写过一段话：

霍布斯：你构思好要写的小说了吗？

卡尔文：创造力可不像水龙头，说开就开。你得找到适当的情绪才行。

霍布斯：什么样的情绪是适当的？

卡尔文：紧要关头的恐慌。

所以，稀缺并不完全是坏的，合理运用稀缺，能让自己的效率变高。

我们讲过时间和时机的重要性，比如，一盒巧克力，总是剩下最后的几颗才是最好吃的；假期的最后几天，你才会格外地珍惜时间；女朋友跟你分手前的最后一天，你才会觉得这姑娘不错。

这都是稀缺带给我们的专注红利。

你可能会认为，如果稀缺有好处，那我每件事情都要拖到最后再做。其实不是的，**这样的专注虽然短期内能够带来一定的好处，但是如果长时间处在这种稀缺心态中，对人会有非常大的伤害，会把一个人彻底拖向贫穷，拖向一个恶性循环，这种思维甚至会传播到后代中。**

我们来看一个例子。

一次，实验人员招聘了 36 名身体健康的男性志愿者。在受控环境下，研究人员为志愿者们提供的食物一直在减量。也就是说今天你能吃五个汉堡，明天吃四个，后天你只能吃一个。到最后，这些食物的热量仅够维持生命，不过还不至于对志愿者的身体造成永久性伤害，但饿了的感觉确实不好受。饿一两天死不了，但是如果长时间挨饿，比如，持续了几个月的时间，你会怎么样？

随后，真正的实验开始了，因为这些人从外到内都已经进入了一种长期稀缺状态，研究人员开始观察志愿者们的身体会对不同的食物供给量产生怎样的反应。因为那个时候刚好是第二次世界大战，志愿者们没有去前线厮杀，虽然对这样的实验是颇有微词的，但也只能安守本分，敢怒而不敢言。别人都去为国效力了，挨几顿饿也不敢有意见。

研究人员发现，长期挨饿的人，从体形上就能看出来。为什么？因为人要是饿瘦了，先瘦屁股和肚子。实验过程中，研究对象的臀部脂肪会大大减少，以致坐着都会感觉到疼痛，他们不得不垫上坐垫。研究对象新陈代谢的速度也减缓了 40%。他们开始感觉到有气无力，缺乏耐性。一位实验对象说："在淋浴头下洗头时，我感觉到手臂瘫软。仅是洗头这一件事情，就令我的双臂疲劳到了极点。"所以人挨饿的时候往往是不会洗头的。

因为长期稀缺，饥饿不仅让志愿者们的身体变得虚弱，还让他们的思想发生了变化。首先，他们开始什么都吃了，那些一开始挑食的人也开始把盘子舔得一干二净。他们完全丧失了对学术的攻克和挑战欲望，但是对菜谱产生浓厚的兴趣。看电影的时候，只有对拍到食物的镜头感兴趣，其他完全不感兴趣。所以，稀缺造成的后果不仅仅是因为我们会因拥有得太少而感到不悦，而是它会改变我们的思维方式，会强行侵入我们的思想之中。这点很可怕。

二、长期稀缺带来的四种结果

长期稀缺会产生以下四种效应。

第一，管窥效应。

什么叫"管窥"，顾名思义，你通过一根管子看东西，就只能看见管子里面的东西，管子外面有什么你都看不见，英文中往往用这个词形容一个人目光短浅、狭窄。也就是中文里讲的井底之蛙。人一旦面对稀缺，总是更倾向于把注意力集中在最需要关注的事情上，请注意，不是最重要的事情，而是最需要关注的事情。这是很可怕的，因为它会让我们的大脑降维，越来越不知道什么才是真正重要的事情。

美国的消防员跟我们中国的消防员非常像，经常会进入紧急状态，因为永远不知道哪里要着火。在有火警的时候，消防员需要立刻穿好裤子、外套、鞋子，并且拿上所有应该拿的东西跳上消防车迅速出发，这个准备时间只有60秒。

消防员平时也都在训练这些，消防员每年都有因公殉职的，但特别奇怪的一个数据是，大多数消防员并不是在火灾的时候殉职的。根据统计，在美国出事的消防队员中有20%—25%都是死在了去火场的路上，有一些是消防车和其他车辆相撞发生了交通事故，有一些是消防车自己发生了事故。而导致他们丧生的原因你猜是什么？

居然是没有系安全带。

这简直太令人震惊了，消防员平时都是经过严格训练的，几乎什么都训练过，怎么就把系安全带这么简单的事情疏忽了呢？这就是我们说的"管窥效应"。

人大脑的容量就这么多，你全部放在了那60秒的准备中，接下来就要处于稀缺状态了。

让我们设身处地，假如你是一个消防员，在接到火警的时候，脑子会立刻进入时间稀缺的状态，因为要在很短的时间里做好准备，而且要在路上制订一些消防策略、研究火场的结构、计算水龙头数量、预估火势大小，这些占满了你的大脑。结果什么都做了，唯独忘记了系安全带。

其实解决这个问题的办法很简单，就是利用清单，一条条过。

但是，"管窥效应"会改变我们做出决策的方式，你会把重要的事情放在一边，只关注着急的事情。比如，你早上有跑步的习惯，你知道这个习惯是很重要的，因为身体是最重要的；但工作开始忙了，你就不做重要的事了，你开始做工作——做你觉得着急的事情。从长期来看，对身体的投资是最重要的，这个你肯定知道，但是在稀缺状态下，人很容易会做出损害长期价值的决定。

我们可以再做个思想实验，把人分成两组：第一组问，哪些东西是白色的？第二组问，除了牛奶之外，你还能想出哪些白色的东西？

猜猜哪组回答出来的更多？答案是第一组。因为当你说出"牛奶"这个词时，就造成了"管窥"，这就是心理学上常说的"心理抑制"。

所以我在《我们总是孤独成长》这本小说里说，语言是一种诅咒，你总说什么，这些词就会变成你的潜意识，然后限制你的思维。你会发现，身边很多孩子平时都被这些词"诅咒"，造成了"管窥"，如果老是对孩子说"你怎么这么笨""你怎么这么不乖"，那么这就会变成他的潜意识，限制他的思考，最后一点点变成这个孩子的命运。

书里也做了个大胆的结论：对一个事物的过度关注，会抑制你的意识。比如，你跟女朋友或者男朋友吵架的时候，是不是想到的全部是对方的坏处，没有一点好处，然后越吵越生气。

所以，当一个人陷入稀缺的状态时，必然造成"管窥效应"，很难进行多角度分析问题。

第二，借用效应。

什么是借用？就是我没有了，要找别人借。别人如果不借呢？那我就找未来的自己借，准确来说，就是一个人习惯性地透支未来的资源。比如，信用卡、花呗以及一系列的贷款形式。恕我直言，这些习惯向未来借款的人是很难实现财务自由的。我们知道，信用卡、花呗的利息都是很高的，而且信用卡取现、逾期还款的利率更是高到吓人。除了信用卡，还有很多高利贷，其实理性思考一下，高利贷对个人财富百害而无一益，那为什么还是有人非要用呢？答案还是稀缺。

在《稀缺》这本书里，作者强调，越是穷人越喜欢借高利贷，而且只要一借，这个人就基本上离破产不远了。高利贷是什么概念？就是借了一百，要还一千，而且要一直还。

你可能会问，难道这些人不知道这么高的利息会害了自己吗？这些人当然知道，但是和当下他们面对的紧急状态相比，他们才不管，只管最着急的事情，不管最重要的事情。

在印度的一个村庄，渔夫几乎都是租渔船打鱼，所以他们每天都要很早起床，先把租金借贷的钱还了，然后才能赚点属于自己的钱。所以他们几乎每天都入不敷出。研究人员做了个实验，帮他们把租金还了，以为这样他们总能过得舒服点、赚钱容易些。结果一段时间后，他们再去这个农村，发现渔夫们又欠钱了。他们本来赚了钱，后来因为家人结婚随礼、赌博、乱买东西，又去借高利贷了。

面对这种情况，稀缺的就不是金钱，而是思维，这种思维会害人。

我的建议是，**最好不要用未来的钱来抵现在的债**。也就是说，不要借用，借用很容易把人拖累得疲惫不堪。

第三，余闲效应。

所谓"没有余闲"，就是没有多余的时间和空间。

比如，你要去旅行，现在你手边有一个箱子，你要把需要带的都装进去：洗漱用品、几件衣服、数码设备。装完之后发现还有一些空间，你就可以塞进去一些不是特别需要的东西：一些杂志、零食。整个过程都很愉快和迅速，要是你更高兴，还可以塞一本我的书进去。

但如果说你的箱子特别小，或者你总是习惯性地把它填满，就不会像前面说的那么舒服了。你会开始权衡，开始比较，边装边想："我是带这个呢，还是不带呢？"总之没装几件就塞不下了，为了腾空间，你可能还会把里面的东西全拿出来，再重新放。

我们的生活也是如此，比如，下班后去哪儿就要斟酌：去了甲的饭局，就不能跟乙去喝酒了；买了这个包，那件衣服就不能买了；上了这门课，那套书就要等很久了。

没有余闲的生活为什么对人伤害很大？因为你在考虑如何做抉择的时候会十分痛苦。**人在抉择过程中，要耗费很多精力和时间。**所以为什么有女孩子说自己以后要找个霸道总裁当老公，因为当她问老公，这两件衣服该选哪件的时候，他直接拿出一张卡说，都给你买下来。本质上是给了她更多的余闲时间。

穷人为什么感觉生活特别累？就是这种权衡的思维过程太多，花一块钱都得纠结比较一下，这样久而久之，人的格局就会越来越小，让一个人产生大量的心智负担，做什么事情都束手束脚。这些负担会消耗注意力、精力，进一步产生"管窥效应"，让人只能注重眼前的事情，而忽视了真正重要的事情。

我有一个朋友，现在通过创业和努力已经很有钱了，但每次一起吃饭的时候，他还是特别喜欢问我一个问题：尚龙，你想吃鸡肉还是鱼肉？我就特别崩溃，不能都吃吗？

他摸了摸头，说："是的，好像也行。"

所以人生有余闲在这里就变得特别重要，余闲就是我们剩余下来的、没有利用上的时间和空间、金钱，这些看起来是物质，其实是我们对世界的看法。**有了余闲，我们的生活可以更从容。**所以我经常鼓励大家一定要多赚钱，别让自己被逼无奈。出门一定带充电宝，别手机没电才回家。

余闲不仅对人有帮助，对组织也有帮助。有一家医院每年为手术室不够用特别发愁，这个医院有 32 间手术室，但是每年要接待的手术有 3 万多次，手术室永远是排得满满当当的，他们经常因为没有空床位又突然闯来一个没有预约的急症病人而担忧。医生们最怕这样的事发生了，因为一旦有突发事件，本来排好的日期就得往后推，医生就那么几个，今天没完成的任务就要放到明天去了。所以这家医院的医生每天做的手术，其实都是在补上个礼拜留下的坑。如此往复，整个医院就一直处在紧急的稀缺状态，所有人都在赶。

而医生长时间加班会非常疲惫，他们也是人，他们休息不了，首先是身体扛不住，工作效率一路下滑，失误率也一路飙升，医院就得为他们的手术失误付出更高昂的补救费用。

恶性循环。那怎么解决这个问题呢？

有两个解决方案：第一个是多修几间手术室。但是，理论上，修再多的手术室也不够用，因为手术的需求永远会比手术室的资源多得多。

到底该怎么办呢？于是他们请了一位顾问，帮医院出出主意，这个顾问了解了情况之后提出了第二个方案。他只说了一句话："这个很简单，你不是有 32 间手术室吗？留 1 间备用，专门用来应对突发性的手术。"

医院的领导听了之后就立马反对，本来我这个地儿就不够用，你还非要拿出来一间闲置，这不是浪费吗？顾问只是说"你先试试看"。结果医院一试，果真有效，手术的接诊率上涨了 5%，下午 3 点以后接待手术的数量下降了将近一半，手术失误率也大幅下降，效果立竿见影。

这是为什么呢？这其实就是有余闲带来的好处。

因为顾问发现，医院的手术可以分为两种：一种是计划之内的，另一种是计划之外的。现在计划内的手术已经把手术室全占满了，一旦出现计划之外的就会影响整个手术安排的进程。

这种计划之外的情况，成本其实是非常高的，比如，医生的加班费、医疗成本、事故的赔付等。

通过上面的例子你会发现，手术室的稀缺并不是空间的稀缺，而是没有能力用现有的手术室来处理紧急情况，而解决的办法就是留一间出来，专门应对突发情况，来解决突发情况带来的损失。这样突发性的手术就不会影响日常的排期。

这样，上面提到的所有成本就可以全部降低了。首先，医生不会总是接到一些突发状况；其次，医院也会从这种稀缺状态里跳出来，各部门可以有条不紊地工作，不会混乱。

其实这种状态和负债累累的穷人特别像，穷人的抗风险能力特别低，一有个风吹草动就会进入稀缺状态。比如，每个月的钱都要还上个月欠的债，这么一来，成本其实巨高无比；但如果他能咬紧牙关，这个月就存一部分钱，哪怕这个月很苦，但下一个月的生活就能有好的保障。

从这个角度来说，稀缺的本质就是没有余闲，我甚至觉得，如果你想让自己的生活幸福一些，一定要有生活中的余闲。之前我在"一刻"做过一个演讲，叫《给生命埋下彩蛋》。彩蛋是什么？就是余闲。找个什么也不干的日子，跑跑步，坐坐地铁，见见没见过的人，生命的温度就升起来了。

第四，"带宽"效应。

**"带宽"（bandwidth）就是心智的容量，它包括两种能力：
认知能力和执行控制力。**

稀缺会降低所有这些带宽的容量，致使我们缺乏洞察力和前瞻
性，还会削弱我们的执行控制力。你可以把带宽想象成一条高速公路，
这条路有一定的宽度，而且能同时行驶车辆的数量是有限的，比如，
一般的马路能并排行驶四辆车，超过四辆车这条路就会拥堵，所有
车的行驶速度都会下降，严重的时候还可能发生车祸。

我不知道你是否有过同时做好几件事的感觉，同时做好几件事
还突然被要求做另一件，这一件多半要崩塌。

一个人如果同时做好多事，就会产生严重的带宽负担，这个时
候就会感觉精力不够用。如果进入了稀缺状态，带宽会进一步缩小，
就像高速公路进一步变窄，也就是我们前面说的，进入专注的状态，
只会关注一件紧急的事情。所以我们很多人做出的错误决定都是因
为带宽被占满了。

大家可能常常听说身边有人患有糖尿病，其实糖尿病现在基本
上可以治了，虽然说不能彻底根除，但是不会致命。为什么每年还
有大量的人死于糖尿病？原因很简单，就是这些人没有按时服药。

跟之前说的没系安全带一样，都是让人不敢相信的原因。其实
你仔细看，这世界有很多其他的病都一样，大多数是因为患者不按
时服药才引发的严重后果，研究发现，美国穷人在这个比例中占大

多数，越穷的人越不按时服药。

在美国，穷人比富人要普遍更胖，他们不怎么让孩子接受教育，不会去买保险，也不会打疫苗，不会定期储蓄，更不会投资。难道是这些人不知道做这些事很重要吗？如果你问他们，他们也会认为这些事很重要，但是并不紧急，而他们只会关注紧急的事情。

这些问题其实都可以用带宽来解释，穷人的带宽更窄，他每天遇到的事会占据大多数的带宽，就没有精力去关注长期来说很重要的事了。他每天都会为生计而焦头烂额，这里要怎么省钱，那个东西会不会有特价，房租快到期了没有钱怎么办，明天要交任务时间来不及了又怎么办。

简单地说，他们的脑子被占得满满的，根本就没有余闲去想一想怎样才能摆脱这种困境。

所以，带宽的不足还会引起他们认知能力的下降，最后成为思维习惯。我妈原来说过一句很厉害的话，她说她原来以为人越往下活越容易，其实不是，你越往下活，越容易被那些柴米油盐、鸡毛蒜皮占据自己的脑袋；相反，你越往上，大家竟然都出奇地包容。这就是带宽。

我有一个好朋友，特别聪明，能力又强，我就把他拉到我身边干活。但很快就发现他状态开始越来越差，一直找不到原因，后来才发现，就是他的大脑被太多小事占据。有一天我让他盯一个电影项目，他说他请个假，我问他干吗去，他说他去趟山东，他表姐离婚，他要去把表姐夫打一顿。我就问他，你表姐离婚，跟你有啥关系？所以说，人的脑子带宽有限，关注的事情就那么几件，你全放到鸡毛蒜皮上，人自然就小家子气了。

其实我们的带宽就是我们的认知能力，我们用带宽去判断别人的面部表情、控制情感和冲动，我们用带宽读书、进行思考。如果带宽不足，或者被占满了，就会进入一种游离的迟钝状态。

很多稀缺的人他们其实是很痛苦的，这些人晚上睡不好，第二天就干不好活，休息的时候不去补觉，因为自控能力差，遇到难题的时候喜欢抽烟喝酒，就会让自己陷入更大的麻烦。所以他们生病不服药，不除草，不买保险，不储蓄也不投资，都是因为他们不重视这些事情，所以，穷人真正缺的不是时间、不是金钱，而是带宽。于是，稀缺陷阱就形成了。

因为没有钱，所以注意力全部要集中在钱上，大脑里所有的事情都和钱有关，各种各样关于钱的事情让这个带宽变得不足，让人变得冲动，失去控制，痛苦绝望，导致认知能力下降，做出更多错误的决定，比如，借用、透支，最后进入还债的无限循环。

因为没有时间，需要关注的东西又太多，这样会导致带宽不足，大脑反映的都是那些没有做完的、紧急的事，第二天发现重要的事情没做，新的紧急事件又来了，这样会一直处在一个很赶的状态，从而更容易做出错误的决定。最后又会觉得时间更加稀缺，这就是一个恶性循环。

那这样的循环能打破吗？

三、应该怎么面对稀缺

其实你会发现，打破就打破了，没啥难的。

《稀缺》这本书提供了三个方法：节约带宽、留有余闲、设置提醒。

第一，节约带宽。

所谓节约带宽，就是减少日常生活中需要做决定的琐事。

女孩子都有这样的体验：出门我应不应该洗头？穿什么衣服？裤子呢？鞋子怎么搭？太头疼了。很多人问我为什么签售会就一套衣服，其实也是为了节省带宽，这样我的精力就能全部用在作品上了。

生活中这样权衡式的思维越少越好。比如，我去买菜，如果是几毛钱或者一块钱之内的，我基本上不会砍价，因为如果你的脑子里整天是几毛钱，就很容易被卡在最小的事情上，你的带宽上天天都是计较，而且这会花掉你大量的时间。所以，把注意力放在真正值得的事情上，这就是我们经常说的，不要把目光交给对手，交给你的目标。

第二，留有余闲。

再没有钱也要留一小部分定期储蓄，无论多忙，都要尽力去提高自己的技能和认知水平，尽量不要透支、不要借用。时间上再紧张也不要透支未来的时间，当天的工作当天完成，时刻记得未来还有未来的事情要做。别把自己的工作排得太满，给自己的生命埋彩蛋。定期让自己放空一会儿，无所事事一会儿，这可不是浪费时间，它会拓宽一个人的带宽，就像刚才我说的那个医院的例子一样，牺牲休息的时间付出的成本是巨高无比的。

第三，设置提醒。

穷人因带宽负担太重，常常忽视了重要但不紧急的事情，所以设置提醒非常重要，可以把重要的事情拉回到视野当中引起重视。

比如，你要健身，你就要设置好时间定时提醒；比如，你要存钱，那就想办法让工资卡里的钱自动划出去一部分进行储蓄。让忽视变成默许，这样就能自动让生活慢慢地向好的方向发展。

当然还有最重要的一点，养成习惯，是的，养成富足的习惯。富足不仅是物质上的，更是思维上的。

富人思维到底是什么

有一个财商教练，叫哈维·艾克，他写过一本书叫《有钱人和你想的不一样》，非常细致地讲了思维对金钱观的限制。很多人以为赚钱就是要找风口，要去人多的地方，其实这个想法是不对的。你要做的第一件事应该是改变思维，从一个穷人的思维变成富人思维。

一、改变思维的重要性

改变思维比赚钱更重要。什么东西最限制人的思维呢？答案是语言的制约。

我在《我们总是孤独成长》这本书中写过：语言是诅咒，也是祝福。尤其是比较亲近的人对你的评价，更能影响你的思想，而思想会决定一个人的命运。

1. 语言的制约

小时候，哈维·艾克的爸爸特别喜欢跟哈维·艾克说一句话：我买不起。你仔细想想，小的时候，这句话我们父母也经常说。其实这种话特别影响自己的孩子。每次哈维·艾克找他爸爸要钱的时候，他爸爸就喜欢这么说。这久而久之就成了哈维·艾克的心理障碍。人在年幼的时候，大人灌输的这种金钱观，极有可能会影响孩子的潜意识，成为他日后支配金钱观的一种力量。而且语言的制约力非常强，你能想象一个被夸大的孩子和一个被骂大的孩子，长大后自信水平有什么不一样吗？

有一个人叫斯蒂芬，总是没钱，其实他连续九年的年收入都超过了80万美元，但他还是不够花，财产净值为零。后来他咨询哈维·艾克，追根溯源才发现，在斯蒂芬的成长阶段，母亲最喜欢说的一句话是：有钱人都很贪婪，他们靠穷人的血汗赚钱，赚的钱够用就好，多赚你就是猪。所以，他的潜意识就把有钱跟贪婪画上了等号，他不想让自己被母亲否定，所以每次赚了钱就立刻花掉，要不然潜意识里他就觉得自己是头猪。

我们的潜意识必须在情感和逻辑中做一个选择：情感是有温度

的，但不一定是对的；逻辑是冰冷的，但很多情况下都是对的。斯蒂芬决定要改变自己，他开始意识到这些观念不是自己的，而是他母亲的，而他母亲的观念会影响他的生活。于是哈维·艾克给斯蒂芬制订了一个策略：他们得知斯蒂芬母亲喜欢夏威夷，所以斯蒂芬把母亲送到夏威夷住了一个冬天。仅仅一个冬天，母亲就变了，她因为自己的儿子有钱感到非常自豪，还到处宣扬自己的儿子很慷慨，而斯蒂芬的心病也因此治愈了。

这就是语言的制约力量。**你的潜意识会决定自己的思想，你的思想会决定自己的选择，你的选择会控制自己的行动，行动就决定了结果。**

哈维·艾克有一个方法论，推荐给大家：

第一，察觉：写下来所有你听过的对金钱的描述。

第二，理解：写下你认为这些说法是怎么影响你的生活的。

第三，划清界限：要明白，这些坏的想法，是不属于你的。

第四，提出宣言：告诉自己，我要选择新的思考方式，让它帮助我找到快乐。

这四步可以帮助我们普通人走出可怕的语言诅咒。除了这个之外，一定要交能鼓励你的朋友、优秀的朋友，别老跟一些整天打击你的人一起玩。有些人就是以打击你为乐趣，来获得成就感，你说什么他都反对，这种人我们把他称为"ETC"，自动抬杠。这样的人，看起来没什么关系，但会伤害到你的潜意识。

2. 模仿对人的影响

我们最容易模仿的，毫无疑问就是我们的父母，如果你的父母很优秀，你模仿没问题。但如果他们不优秀，你潜移默化地被动模仿，就很容易变成他们。所以你看这个世界有多少人是不喜欢自己的父亲或者母亲的，但最终竟然都活成了他们的样子。我的《我们总是孤独成长》里面的晓睿就是这样，他恨自己的父亲，但最后竟然活成了他的模样。

准确来说，你喜欢谁，就去模仿谁，这样的思路才是对的。

3. 特殊事件也会影响自己的思维

哈维·艾克有个学生，叫乔西，是个护士。她收入也很高，但是不知道为什么，总是会把钱花光。后来深入了解后才发现，一次，她跟父母去吃饭，结果父母因为钱吵起来了，她父亲站起来捶打桌子，结果心脏病突发倒在地上。乔西学过心肺复苏术，于是立刻给父亲做急救，但还是回天乏术，最后父亲死在了她怀里。

从那之后，乔西非常痛苦，而且这痛苦和金钱紧密相连。所以她成年后，会故意挥霍掉所有的钱。哈维·艾克帮助她找财富蓝图，发现她一直不喜欢护士这个职业，因为她从事这份工作的原因从本质上就是错误的——为了她父亲。所以，哈维·艾克建议她辞职。后来，她成了一名财务规划师，过得非常幸福。

我们在年轻的时候，肯定都遇到过这样的特殊事件。

比如，哈维·艾克的太太，小时候只要听到冰激凌汽车来到门口，她就找妈妈要钱，妈妈特别喜欢说一句话："我没钱，你找你爸要。"

这句话一重复，他太太脑子里就形成了两个潜意识：

第一，男人才有钱；

第二，女人没有钱是应该的。

这两个潜意识一直伴随着她长大，她认为女人没钱这件事是完全应该的，甚至决定以后也应该这样，没有改变的必要。所以给她一百美元，她会立刻花掉；给两百花两百；给五百花五百。后来她去上哈维·艾克的课，学会了很多杠杆技巧，"我给她两千美元，她可以花掉一万美元！"哈维·艾克很无奈，跟她说杠杆的原理是拿到一万美元，而不是花掉一万美元。哈维·艾克发现，婚姻的头号杀手就是钱，而留不住钱的原因就是过去的某个特殊事件，进入特殊事件，就很容易让自己迷失。

二、12 条富人思维

谈及富人思维和穷人思维，首先有以下几个说明。

第一，绝对无意贬低穷人。我不认为有钱人比穷人好，他们只是比较有钱罢了。

第二，当谈到富人、穷人和小康阶层的时候，指的是他们的思维方式。人和人之间的思维方式和行为方式天差地别，比他们所拥有的财富差距还大。

第三，我用的是"概论"这个词，所以不要强调个体。目标是希望你能通过这些思考找到一些生存法则。

第四，我不会提到中产阶级。因为很多中产阶级，都混合了富人和穷人的思考方式。

第五，一定要行动。光知道一点用也没有。

1. 有钱人相信，我创造我的人生；穷人相信，我被命运掌控

许多人最容易思考的方式是：责怪，他们特别擅长责怪的游戏。责怪就是对别人的指责，不仅责怪，他们还特别喜欢自怜。

因为他们长期认为"我被命运掌控"，所以他们经常给自己的穷苦找借口，来想尽一切办法证明这些事是合理的。比如，你经常听他们说，钱不重要。其实你可以试着想想，你会不会说：爸爸不重要，老婆不重要，合伙人不重要，朋友不重要？你不会。那你为什么要说钱不重要？

如果你觉得一辆自行车不重要，你不会要它；如果你觉得一只鹦鹉不重要，你也不会要它。同理，你觉得钱不重要，你也不会要它。

任何一个说钱不重要的人，都是因为没钱。当然，也可能是因为太有钱。

所以你一定要对自己说，钱太重要了。你可以不挂在嘴上，摆正态度就好。

有人说，我不要钱，有爱就行了。爱当然可以让世界转动，但爱不能盖医院，或者盖房子，也不能当饭吃。

不仅你自己不要老抱怨，也不要靠近任何一个爱抱怨的人。如果你非要和他们相处，也要做好防御措施。从今天开始，试着不做无用的抱怨。不要总认为你是个受害者，你要明白，你拥有的一切和你没有的一切，都是你自己造成的。你的贫穷和富裕都是自己造成的。

2. 有钱人玩金钱游戏是为了赢，穷人玩金钱游戏是为了不输

大多数人想要的是一种安全感和舒适感，但真实的世界不是这样的。如果你的目标就是舒服，那你可能永远不会有钱。有钱的意思不是舒服，有钱就是有钱，没有歧义。所以你今天回家可以在自己的日记本上写下你的年收入目标，然后写下"必胜"两个字，把剩下的交给时间。

3. 有钱人努力让自己有钱，穷人只是想要变得有钱

有些人会说，有了更多钱可以让我的生活变得有乐趣；但有些

人说，有钱没错，可我必须像狗一样工作。思维决定命运，仅仅想要是远远不够的。

"想要"分为以下三个层次。

第一，我想变得富有。

第二，我选择变得富有（你要去主动选择）。

第三，我致力于变得富有。换句话说，我要做点什么，尽全力，毫无保留地贡献自己。

4. 有钱人想得大，穷人想得要小

你的收入越高，市场认为你能产出的价值就越高。

换句话说，就是你实际服务了多少人。比如，有些老师，他们讲课就是给班上那十几个学生讲的，而有些老师几乎每次讲课都是几千人或者更多人在听。这些东西的本质只有一个：你是不是在为更多的人服务。

每个人都有自己的价值，那你是愿意为多一点的人解决问题，还是愿意为少一点的人解决问题呢？如果你的答案是多一点，那么你现在就要想得宏观一些，让自己有能力可以帮助更多的人，几千人甚至几万人。这样你的心理上、精神上、情感上都会变得富足，同理，钱也会越来越多。

大家知道，每个人来世界都有自己的使命，我们每个人都要帮助别人，但你可以帮助多少家庭、多少人？小的想法和小的行动不

会改变贫穷的状态。你要多想一些，要有大局观，你才会拥有更多的金钱和更大的生命意义。

5. 有钱人专注于机会，穷人专注于障碍

这个世界天然就分成了两类人：一类人关注机会，另一类人关注障碍。有钱人看到的是成长的潜力，穷人看到的是赔钱的潜力。有钱人专注的是报酬，穷人专注的是风险有多高。换句话说，有钱人关注的是自己获得的，穷人关注的是自己失去的。

这里有个思维训练，你可以试一下。你可以拿一个杯子，倒一半水，试试你看到的是什么。很多人看到的是半满，还有些人看到的是半空。这就是两个不同思维模式的人看到的不同结果。所以如果你不会正面、积极地思考，你脑子里永远都是：如果不成功怎么办？这样不行吧。让自己陷入这种恐惧的思维，反而做不好任何决定。相反，你应该想：我希望这样做可以，我要怎么去解决这个问题。你要盯着机会看，而不是盯着障碍看。因为你专注的事情会扩大。你越专注这些东西，这些东西在你体内就会越来越大。

所以哈维·艾克有个建议："把焦点放在你已经拥有的事物上，而不是想着你没有的事物。列一张清单，写下 10 件你在生命中感激的事物，然后把这 10 件事物念出声来，接下来的一个月每天早上都把它念一遍。如果你不感激你现在拥有的事物，你将不会得到更多，也不会需要更多。"感激你拥有的事物，还会让你更幸福。

6.有钱人欣赏其他有钱人和成功人士，穷人讨厌有钱人和成功人士

这是个很奇怪的逻辑，但是无比正确。因为穷人用负面眼光看有钱人，就很容易把他们都当坏人。仇富现象在全世界都有，很容易滋生和叠加。哈维·艾克就说了个故事：有一天他在一个贫民窟开着车，要把一只火鸡送到慈善机构去，结果他一下车，就看见自己的车上有个凹洞，还有几道刮痕，然后他听到自己身边呼啸而过一个声音："有钱的王八蛋。"后来他只要经过那个地区，就租一辆福特，很神奇，这些问题消失了。

有一次一个主持人说，一个女演员片酬能拿到两千万美元。哈维·艾克非常生气，说："凭什么，那么多钱都给她了，科学家呢？"这就像我们在网上看到的很多熟悉又很奇怪的对比逻辑。其实拿科学家跟艺人对比的逻辑本身就是错误的。一个人拿多少钱不是因为他贪心不贪心，而是市场给他定的价。哈维·艾克骂完就后悔了，为什么呢？因为不管女演员拿这么多钱的原因是什么，问题不是在她，而在于哈维·艾克自己对这件事的看法，他对这件事的意见不会对女演员的幸福或者财务造成任何影响，但是会影响自己的幸福指数。所以，他改变了自己的想法：她太漂亮了，她应该赚两千万美元，那是她应得的。

哈维·艾克还有个论点很有意思：

他说，在美国一百个有钱人其实九十多个都是很诚实的，这就

说明了他们为什么有钱。因为诚实，人们才会把钱委托到他们手上，让他们经营事业，找到很多人替他们工作。现实中确实有些臭名昭著的有钱人，但那并不占大多数。

所以，你要学会去练习欣赏有钱人，练习去祝福有钱人，还要练习去喜欢有钱人。这样一来，你的潜意识里就会知道，你也要成为这样的人，你也会相信，等你有钱的时候，别人也会这么爱你，你才能成为这样的人。你甚至可以写一个短信或 E-mail 发给一个在某领域很成功的人。

7. 有钱人与积极的成功人士来往，穷人没这个条件则常与不成功的人交往

有钱人身边几乎都是有钱人，因为他们知道近朱者赤；穷人则和有钱人相反，他们听到别人成功，通常就会立刻加以评断、批评、嘲讽，穷人通过这种方式想把他们拉到与自己相同的层次。如果你身边有这样的人，一定要远离。为什么呢？因为你怎么可能在一个喜欢揶揄别人的人身上学到东西呢，你又怎么可能从他身上得到激励呢？

但这并不意味着一定要跟有钱人交朋友，不跟没钱的人交朋友，而是我们要跟有能量的人、积极正面的人交朋友。

哈维·艾克说："有钱人会去找赢家相处，穷人会和失败者搅在一起。"为什么？因为那是舒服的感觉。有钱人跟其他成功人士

在一起觉得舒坦，觉得跟他们相处值得。穷人跟非常成功的人在一起很不舒服，他们不是害怕自己被拒绝，就是觉得没有归属感。为了保护自尊，他们的自我就开始论断和批评。

8. 有钱人乐意宣传自己的价值观，穷人则把推销和宣传看成不喜欢的事

其实这个世界是牢牢掌握在输出者手中的，而你厌恶的推销，就是阻碍你成功的障碍。如果你不愿意让别人认识你，那么你的产品或者你提供的服务，就会被中断，从而断掉你的收入。《富爸爸穷爸爸》的作者罗伯特·清崎说，他被封为畅销书作家，而不是好书作家，他很开心，因为他的收入比另一个身份好太多。

9. 有钱人大于他们的问题，穷人小于他们的问题

穷人会想办法避免麻烦和问题，他们看到困难撒腿就走。讽刺的是，他们辛苦追求不要有任何问题的同时，也给自己制造了一个最大的问题：贫穷。

所以不要去逃避任何问题，不要在问题面前退缩，遇到问题解决问题。

尤其是在工作领域，当你遇到一个麻烦的时候，最好的方式就是直面这个麻烦。然后立刻解决它，而不是拖延。学习也一样，遇到麻烦，解决麻烦。

别怕麻烦大，你要把麻烦变小，因为如果你生活中有一个大麻烦，说明你很小。你要变大。

10. 有钱人选择根据结果拿酬劳，穷人选择根据时间拿酬劳

我们都听过这样的话，去上学，拿好成绩，找个好工作，赚一份稳定的薪水，准时上班，努力工作，你就幸福快乐。其实这只是童话故事的第一册。稳定的薪水不会阻碍你赚更稳定的薪水，但会阻碍你发展。因为你出卖自己的时间永远是划不来的事情，时间永远是稀缺品。只要你开价，别人就能买到，你肯定是不占便宜的。

11. 有钱人关注自己的净值，穷人关心自己的收入

什么是净值？简单来说，就是你所拥有的全部东西的价值。不一定是钱，是你的现金数目、股票、债券、不动产，然后减去你的债务，这就是你的净值。为什么你要在乎净值而不是收入？因为净值由四个东西决定：收入、存款、投资、简化。

收入只是 1/4。

所以一个人有没有钱，不是看他有多少收入和现金，而是看他能调动多少钱。

前三项都好理解，那什么是简化呢？简化就是你可以自觉过着一种对金钱需求比较低的生活，减少生活开销，让你的存款增加，

这样你的投资金额就能增加了。

如果你要增加净值，一定要找一个好的规划师。

12. 有钱人持续学习提高，穷人认为他们已经知道了一切

什么是"知道"？这个世界最危险的三个字，就是"我知道"。你是真的知道吗？

判断自己是不是真的知道，只有一个标准，你是否在生活里体验过它。要不然你只是听说过、读到过或者在嘴上谈论过，实际上你并不知道。

这个理论，很像王阳明的"知行合一"。

作家吉米·罗恩说过："如果你继续做你一直在做的事，你就会继续得到你一直以来所得到的东西。"

而人和其他生物是一样的，不成长就死亡。所以一定要不停地学习，接受教育，相信改变的力量。

穷人说教育实在太昂贵，自己没有时间，没有金钱。富兰克林说："如果你认为教育很昂贵，请试一试一无所知的代价吧。"

所以一定要努力发展自己，终身学习。

最后有两条也很重要，我想分享给你：

第一，有钱人一定是某个领域的专家，因为他们在这个领域实践了大量时间。

第二，有钱人会向比自己更有钱的人请教。穷人则向朋友寻求

建议，但朋友跟他一样穷。

愿这些思维方式对你有帮助。

人在逆境时要如何思考

一、逆商是可以改变的

每个人都会遇到的一种情况：逆境。

那么人们在逆境时，应该保留一种什么样的思维方式才能帮助我们渡过难关呢？

我们每个人都遇到过逆境，有些人逆境时间短，有些人则长。总的来说，你越弱，坏人越多，逆境时间越长。什么叫弱，就是逆商太低，是的，这个世界上除了智商、情商，还有逆商。

保罗·史托兹博士是逆商理论的提出者和奠基人，他曾被《人力资源》杂志评为"全球十大有影响力的思想家",并用了20多年的青春研究该理论,直到今天,还一直在致力于帮助各行各业的人士提高逆商。1997年他写了《逆商》,从那时候开始,逆商这个概念开始进入人们的视野。想知道什么是逆商,我们先来了解一下什么是逆境。

有一次,我在一个大公司开会,那天空调开得特别冷,大家冻得都哆嗦了,却没人说话,有衣服的拿出衣服披在身上,有毯子的打开了毯子,什么都没有的,只能在那里哆嗦。而我走上去,直接把空调关了。我回头看了一眼,这些员工都没有去关空调的意思。我忽然想起一位朋友之前跟我说过:这个公司的气氛很压抑。我也明白,为什么我敢去关空调,因为我不是这家公司的员工。

认知心理学中有一个著名的概念,叫"习得性无助",它可以帮助我们理解上面这个现象,也可以帮助我们理解,为什么有的人在面临挑战时会选择放弃或中途退出,而有的人则会选择迎难而上。

有一个著名的实验,发生在50多年前的宾夕法尼亚大学,著名心理学家马丁·塞利格曼进行了一项电击狗的实验。他将参与实验的狗分成三组:第一组的狗用背带绑住,并受到轻微的电击,狗可以用鼻子按控制杆让电击停止。于是,这一组狗很快就学会了如何让电击停止;第二组的狗也被同样的背带绑住,也受到同样的电击,但是在实验中它们无法让电击停止,所以它们只能忍受痛苦,重复循环着；第三组是对照组，被绑住但没有受到电击。

到了第二天，塞利格曼将三组狗都逐个放进一个箱子里，让它们遭受轻微电击，看它们是不是能够逃脱，这个时候，已经没有背带绑住它们了。

实验结果显示：第一组的狗，也就是之前能够自主控制电击的狗，很快就逃掉了；第三组的狗，就是对照组的狗，之前是没有受到电击的，它们也很快学会了摆脱电击；但是第二组的狗，也就是在之前阶段没有办法控制电击的狗，它们的反应跟其他两组都不一样，它们只是躺下来呜咽哭泣，没有尝试逃脱，只是默默承受着，哪怕没有了背带。

原因很简单：因为第二组的狗在前面的阶段无法阻止被电击，于是产生了无助感，这种无助感在第二轮实验中摧毁了它们采取行动的干劲。这就是著名的"习得性无助"理论。习得性无助，就是一种做什么都没有用的想法，不断在心里反复内化，从而削弱主体对事物的掌控感，这种思维在我们的身边比比皆是：职场、生活、家庭……

但是别忘了，生活是自己的，无论如何你都可以做点什么，从而摆脱困境。

刚才那个实验，像不像我们的生活：很多年少受到伤害的人、长期受到伤害却没办法反抗的人、持续受到欺凌却无法还击的人，就容易产生习得性无助。

许多孩子小的时候，是很容易受到父母和其他人影响的。比如，父亲为孩子包办各项事情，不让孩子应对自己的难题，让孩子除了学习其他什么都不会，这无意间就将无助感给了孩子。又如，老师把成绩好坏归因于智商或性格等特质，也会让学生觉得非常无助。所以，我经常说，不要总是夸孩子聪明，要夸他努力，他才会有主动做点什么的动力。包括长期被欺负，也会让人获得习得性无助。我写的《刺》里面的韩晓婷，从小就是这样，她也反抗过，找过老师，但一次次的反抗让她知道，她的反抗没有用，慢慢地人就崩溃了。逆境成了她生命的全部，她无路可退。

塞利格曼把人的风格分为悲观和乐观两种。

他说：当逆境来临时，如果一个人总是归因于个人的原因，或是永久的原因，这就是悲观的归因风格。比如，学习成绩不好，你归因于自己的基因不好，自己太笨，就容易产生悲观风格。

而如果给出的原因是暂时的，或者是外在的原因，则是乐观的归因风格。比如，你学习成绩不好是因为这两天游戏打太多，晚上回家总看电视，这就不容易产生悲观风格。

其实，从不同的归因风格就可以看出人们应对逆境的潜台词。这就是为什么，同样一段逆境，不同的人有着不同的解读，这就是逆商和思维逻辑决定的。

接着，塞利格曼等人进行了一项历时 5 年的研究，涉及数千名保险代理人。他发现，较为乐观的代理人卖出的保单更多，换句话说，意识到卖不出去并不是自己的原因的人，反而会卖出更多。数据表明，乐观的销售人员的销售额比悲观者高出 88%，而悲观者选择放弃的概率是乐观者的 3 倍，因为他所有被拒绝的经验，都会被放大成对自己的伤害。

所以，对于我们来说，更应该学会乐观的思维，失败没有永久的原因，也不都是我们自己不行。乐观的人，更倾向于把困难归为外在原因，所以更容易建立掌控感。一旦掌控感增强了，就不会受到习得性无助的影响。这里强调一句，并不是什么事情都要只往外找原因，但也不能全部归错于自己，有一部电影叫《被嫌弃的松子的一生》，她在生命的最后写道"生而为人有罪，我道歉"。其实她走到那一步，虽然自己要负一定的责任，但社会也有一定的责任。当一个人把全部事情都归错于自己，或者归错于命运时，就很容易失去生活的掌控感。

耶鲁大学医学院儿科护理学院院长马德隆曾经做过一个实验。她给老鼠注射了一定量的癌细胞，然后将老鼠分为三组，跟上面提到的狗的实验类似。她让第一组学会掌控，也就是学会按下控制杆来关掉电击。第二组则学会无助，就是老鼠没有办法来关掉电击。而第三组是对照组。

马德隆惊奇地发现，第二组也是习得性无助那一组的老鼠，患癌率是第一组掌控组的 2.5 倍还多，是第三组对照组的 2 倍左右。

这个实验表明，习得性无助者或是掌控感缺失的癌细胞携带者，更容易引发癌细胞的扩散，甚至会引起癌症。很多患了绝症的人，仅仅是因为换了个地方、身边换了群人，心情变好，病就康复了。

目前，已经有大量的研究表明，人的心态与身体健康之间，是一个相互影响的回路。糟糕的心态会损坏身体健康，而好的心态会促进身体健康。所以，管理好自己的心态，管理好自己的情绪，不但关系到我们可能取得的成就，还直接关系到我们的身体健康。

好的逆商，可以让人身心愉悦，在困难中也能找到属于自己的良药。那么，养成一种好的逆商习惯，需要多少天呢？很多人都听说过一个理论：养成一种习惯需要 21 天的时间。但史托兹对此并不认同。史托兹问一个神经学教授"养成一个习惯需要多长时间"，教授反问他，你学了多久才知道不要去碰热炉子呢？答案是不到100 毫秒就能学会。其实，逆商也是可以在瞬间改变的。当我们碰到热炉子的时候，大脑会发出响亮的警报。而我们遇到逆境的时候，逆境也是一个响亮的警报，大脑会下意识地出现面对逆境时的反应。这种下意识的反应也是可以在瞬间改变的。**当刺激足够强烈的时候，哪怕 100 毫秒也可以养成一个习惯。**

这就告诉我们，就算我们过去面对困难没有好的思考方式，但从今天起，我们面对逆境的反应是完全可以改变的。**当我们学习到应对逆境的新方法时，一开始可能需要反复实践，在这个过程中，**

大脑会开辟出更加密集和高效的神经元通路；当这种通路越来越稳固时，新的习惯就会慢慢形成。这样，当逆境的警报把大脑唤醒时，新的应对方式就会自动出现。所以逆商是可以改变的。

二、如何评估自己的逆商

那么，我们如何评估自己的逆商呢？

通过 30 多年的研究和实践，史托兹建立了一个四维度的逆商评测模型，英文简称为"CORE"，是四个单词的首字母。分别是掌控力、担当力、影响度和持续力。

C——control 掌控力

O——ownership 担当力

R——reach 影响度

E——endurance 持续力

第一个维度：掌控力

所谓掌控，就是"你觉得"。

黄晓明在节目里说："不要你觉得，我要我觉得。"从这里可以看出他是个逆商很高、掌控感很强的人。

你可以问自己这样一个问题："你觉得自己对于不利的事件的掌控感有多少？"掌控感，是一个很主观的感受。但正是这个主观感受，会极大影响我们的自主能力，影响我们的掌控力。其实你仔细想想，任何事情，你都是有掌控感的，哪怕只有一点点。

比如，2020 年的新冠肺炎疫情，你对疫情没有什么掌控感，那我们真的什么都不能做吗？其实并不是。你是不是可以在此期间，让自己进步呢？哪怕很小，在那段出不了门的日子里，你至少可以读一本书，报一门课，这是很小的掌控感，但都是真实存在的。

此外还有一点很重要：只要我们采取行动，行动本身就会增加我们对事情的掌控力。你只要做点什么，掌控力就能回来。

我之前问过一个心理咨询师，他说，在抑郁症的心理治疗中，心理咨询师往往会推动来访者在行动层面去做一些容易的、小的改变。例如，第二天按时起床，晚上主动吃顿饭，患者做出行动的那一刻，他的掌控感就会得到增强，病就慢慢会有好转。

当你想做一件事时，先迈出第一步。比如，你想跑步，可以先去买双跑鞋。比如，你想学英语，可以先下载个 App。比如，你想今年有变化，可以先买本书。

第二个维度：担当力

担当力是指一个人对事情的结果承担责任的能力。我们担当力的分数越高，说明我们愿意为结果承担的责任就越多。当我们更愿意承担责任时，我们就能更好地应对逆境。

就好比一次考试考砸了，你愿意为此承担多少，如果你开始承担责任，并告诉自己，下次一定不犯同样的错误，那么就能说明，你的逆商很高。但是也不要过度自责，否则容易获得习得性无助。

其实大家看看这个世界上的高手，他们大多数人遇到苦难和挫折的时候，第一反应都是从自己身上找问题。只有菜鸟才会遇到事情就责怪别人。

第三个维度：影响度

面对逆境你可以问自己："这个逆境会对我生活的其他方面产生影响吗？"逆商低的人，遭遇一次不顺利的事件，负面影响就可能蔓延到生活的其他方面。比如，一场糟糕的会议会把一天的心情都给毁了；出门跟老婆吵了两句，到公司就能跟领导吵起来。这就是心理学著名的"踢猫效应"。所以当逆境来临时，限制它的影响范围是极其重要的。你遇到一个困难,可以告诉自己这就是一个困难，本质上就是一个逆境。只有这样才可以及时止损，不要遇到困难就情绪爆发。

我们要学习建立自己的情绪防火墙。在心态上，不要遇到不好的事情就一味地放大。

第四个维度：持续力

在这个维度里面，你要问自己两个问题：逆境会持续多久？逆境的起因会持续多久?

如果你能想明白,就可以缩短逆境的时间,找到逆境的原因。比如,一个青春期的孩子数学成绩很差,但一说到这件事,他就总是耸耸肩,无能为力地说:"我没办法啊,我就是懒,我爸爸说我的懒惰是从他那里遗传的。"这意味着他认为问题是永久性的,本来只是一个领域的,只是学习数学上的困难,在他眼里就是人生的灾难。但是,如果这个孩子认为,自己的数学成绩差,只是因为学习方法不对,不够努力,一旦掌握了好的学习方法,数学成绩就能够提高,那么逆境就不再是一个长期持续的状况,而是一个暂时性的挑战。**通过思考时间的持续度,找到原因,然后缩短影响自己的时间。**

三、如何提高逆商

请记住一点:不论逆商处于什么水平,都是可以提高的,甚至可以瞬间提高。逆商不代表你的命运,它只是反映我们应对逆境的方法,只是多年来形成的潜意识的行为模式而已。**逆商是可以改变的。**你可以自己默念一下这句话。除了你要养成乐观思考的习惯外,还有一些干货,让我一起分享给你:

史托兹博士经过多年研究,开发出了一套提高逆商的技巧,简称 LEAD 工具。

Listen——倾听自己的逆境反应。

Explore——探究自己对结果的担当。

Analyze——分析证据。

Do——做点事情。

第一步：倾听

LEAD 工具的第一步，是倾听我们对逆境的反应。但凡遇到逆境，我们一定会有一些被自己忽略掉的反应，安静下来，细细倾听。

一旦发现逆境来临，我们的大脑就会马上敲响警钟。我们可以跟自己玩一个小游戏。比如，我们可以用声音来表达逆境来临。你可以大声地喊"bingo"[1]，或者发出搞笑的声音。这样做有两个好处：第一个好处是，好玩的声音和搞笑的警告，本身就可以改变我们的心理状态，让我们更加积极地应对逆境；第二个好处是，当大脑敲响了警钟，就帮助我们打断了潜意识里自动消极的反应。

这个时候我们就可以去判断潜意识中的自动反应，是属于高逆商反应还是低逆商反应，然后去调整这个反应模式。

其实没有哪个逆境是能超过三个月的。基本上你从 90 天开始倒计时，都能从情感上走出来。

---

[1]　一种填写格子的游戏，在游戏中第一个成功者以喊"bingo"表示取胜。

第二步：探究

接着我们进入第二步，探究我们对逆境结果的担当。

如果逆境最坏的结果发生了，我能不能承担？如果不能承担，减少多少损失时我可以承担？还是那句话，在面对这种情形时，我们不要过分自责，不然又会进入习得性无助。其实无论过分自责还是推卸责任，都不能增加我们的掌控感。最重要的事在于，我们要对已确认的部分负责，把已经造成的影响限制住，然后在这个基础上进行 LEAD 工具的第三步。

第三步：分析

LEAD 工具的第三步是分析我们身边的证据。这是一个质疑的过程，作者为我们精练出了可以问自己的三个问题。

第 1 个问题：有什么证据表明当下的情况是我无法掌控的？

第 2 个问题：有什么证据表明逆境一定会影响我生活的其他方面？

第 3 个问题：有什么证据表明逆境必然会持续过长的时间？

也许，当人们被逆境打了个措手不及的时候，第一时间会本能地认为这个逆境是天大的灾难，会把你的现状搞砸。但是，当你真正使用工具去做理性分析之后，才会发现我们往往高估了逆境对我们的影响力。

第四步：做点事情

前面我们讲到过，行动本身就会增加我们的掌控感。所以，行动也可以说是走出逆境最重要的一步。对自己的逆境进行复盘，相信自己，打不垮你的只会让你变得更强。但你要记住，无论谁在打你，你都有逃跑的主动性，都有躲避的天性，也都有还击的掌控力。这种思维模式，就是逆境中的思维。

这世界真的越来越好了吗

说完逆境，我想你可能会对世界失望。所以，这个世界是越来越差，还是越来越好了呢？

一、正面思考和负面思考

我曾跟一位朋友激烈争论过，说这个世界到底有没有正能量。他说，能量就是能量，没有正负。我说，一定有正能量和负能量。我们吵了半天，还是没有吵出一个结果，但最后我们达成了一个共识，这个世界应该有正面思维和负面思维。

好比你遇到一件糟糕的事情，负面思维是觉得自己倒霉、自己不行，而正面思维应该是从中学到点什么，或者学会以后如何避免。于是争论到了高潮：这个世界真的是变好了，还是变差了？

我们几乎是异口同声，可能是变差了吧。

毕竟，这个世界上每天都在发生那么多惨烈的新闻事件，都在诞生那么多的负面思维，打开手机，满满都是绝望。

于是那天，我们在不开心中，结束了对话。

回到家，我翻到了一本特别厚的书——《当下的启蒙》，作者是我熟悉的"大神"史蒂芬·平克。虽然这本书特别厚，但全书其实都是在论证一个观点，就是我们今天探讨的，"这个世界真的越来越好了吗？"他的结论只有一个：是的。

二、这个世界在变得越来越好

平克凭什么就能斩钉截铁地说，这个世界越来越好了呢？

我想，这就是思维习惯中一个特别重要的区别：感受和客观事实之间的区别。

我们多数情况下讲出的话，都是带有情绪的。比如，男人都不是好东西；我这人肯定什么事情都做不成；那人一看就没出息……又如，这个世界真的越来越糟糕……

请注意，这些都是情绪表达，如果真的要证明世界在变坏，我们需要寻找数据，而不是以偏概全，看到几条不好的新闻，就下此结论。

而平克在《当下的启蒙》里面引用了大量数据和案例，从 16 个方面，详细地剖析了世界的进步趋势，从而说明这个世界作为整体真的在变好。他的数据很详细，详细到光是这本书最后列出的数据来源及参考文献，就超过了 100 页。

比如，健康方面，我们的健康是越来越好还是越来越坏？答案是：越来越好。

有一本书叫《百岁人生》，讲的是人类的平均寿命已达百岁。数据表明，100 年前，欧洲人和美洲人的平均寿命超过了 40 岁，彼时才把全世界的平均寿命拉高到了 35 岁。之后的 100 年，欧洲人、美洲人和亚洲人的平均寿命直线上升，只有非洲人因为艾滋病的流行，平均寿命在上升之后有过下降。而到了 2000 年之后，非洲人的平均寿命又开始上升。

人类的平均寿命上升，有以下两个原因：

第一，今天的人类活得更久；

第二，新生儿的死亡率大幅下降。

在 19 世纪，即使是当时最富有的欧洲国家，仍然有 25%—30% 的儿童在 5 岁之前就夭折了。今天，即使是医疗条件最差的国家，这个数字也已经被控制在 10% 以下，而在发达国家，儿童死亡率被降到了百分之零点几。我们中国在 2017 年，卫建委给的数据已经低到 1.6‰。

你看，在数据面前，我们的感觉不堪一击。

也就是说，我们现在的生活从健康角度讲确实是越来越好了。因为生命延长，于是我们开始产生了无聊、孤独和漫漫长夜的空虚感。而这些引发的痛苦，也不过是因为我们生命变长了而已。

那财富呢？

如果你读过美国作家沃尔特的《不平等社会》，你就会知道这世界的不平等差距变得越来越大。但是整体财富呢？你可能会觉得自己身边的穷人太多了，整体财富没有什么变化。我们还是放弃掉感觉，看数据吧。

19 世纪初，全世界的人均收入相当于今天非洲最贫穷的国家，按今天的标准，当时世界上有将近 95% 的人都是"极度贫困"。而今天，世界上极度贫困的人口比例已经降到了 10% 以下。在最近 20 年，这个世界上每天都有将近 14 万人脱离极度贫困。2015 年，联合国为自己设定了一个目标：在 2030 年之前，让世界上所有人都脱离极度贫困。当然，我们国家也在很努力地配合，在疫情最严重的时候，扶贫办也发表声明：中国的脱贫标准不会变。以此响应世界号召。

所以，从数据的角度看，在物质上，人类已经很好了。

那精神呢？

我们还是要回到数据。

200 年前，这个世界上有 80% 的人都没有上过学，而今天，这个数字反了过来，世界上超过 80% 的人都至少接受过基础教育。按照目前的形势预测，到了 21 世纪末，接受过基础教育的人比例将接近 100%。根据 2018 年全国教育事业统计总体情况，小学学龄儿童净入学率为 99.95%。在 50 年前，全世界女性的识字率只有男性的三分之二，到了今天，女性的识字率已经和男性相同了。甚至很多职业，女性做得比男性更好。

因为接受教育的人越来越多，又有环境和科技、医疗的加持，人类的平均智商也在提高。今天世界上任何一个普通人，如果穿越回 100 年前，他的智商也可以轻松超越那个时代 98% 以上的人。

这一点我深有体会，我的外甥才 3 岁，但已经会说英语了。他经常指着我说，舅舅，这是 air conditioner（空调），这是 mobile phone（手机），他知道哪个键是关机和开机，我经常在想，他们这一代已经如此，下一代会是什么样子？

智商其实最能体现世界的进步，因为智商的增长需要多种条件共同作用，不仅是教育，还包括更好的营养条件、更少的疾病、更多的财富、更稳定的生活，等等。

当然，这背后还有一个不可或缺的条件，那就是安全。如果有兴趣，你可以看看一本书叫《人性中的善良天使》，作者也是史蒂芬·平克。他也用数据证明，人类历史上，暴力事件总体上呈现下降趋势。就算你说现在动不动哪里有谋杀案，其实根本原因并不是谋杀案多了，而是媒体多了，实际数量的确在减少。

这就迎来第二个问题，为什么我们感觉世界上悲观的人越来越多？坏的信息为什么越来越多？真实又是什么情况呢？我们还是回到数据，发现事实并没有我们想的这样悲观。

可是人类为什么会如此悲观？

平克在这本书中总结了三个主要原因，均与人类的思维有关。

1. 可得性偏差

这是一个心理学术语，指**人们往往根据认知上的易得性来判断事件的可能性**。也就是很容易用本能做判断。比如，问你教英语的石雷鹏老师是不是一个成长导师？你会说他就是一个英语老师呀。虽然他上课的时候讲了很多跟个人成长有关的故事，但当你给他成长导师身份的时候，你就会不适应。

再举个客观的例子，如果我问你，坐飞机和坐汽车哪个更有风险？你的回答一定是飞机。因为第一，飞机失事总是会成为头条新闻；第二，飞机飞得高，掉下来必死无疑。但是实际上，根据统计数据，坐汽车反而更有风险。

可得性偏差是人类的大脑在进化过程中形成的一种机制，是用来自我保护的。每一次听到一个坏消息，我们都会下意识地收集起来，如果遇到类似的坏消息，会立刻把经验调度出来，避免再犯。就好比一个正常人，听说部落里边有好几个人在东边的树林附近遇见了老虎，那他下一次打猎时肯定会躲开东边的树林，这是最安全的。除非他是武松。

过去，我们无法得到足够的信息，所以宁愿多一事不如少一事。

今天，可得性偏差更容易让我们做出错误的判断。因为很多媒体在有意识地利用可得性偏差，通过传播坏消息来争夺人们的注意力，提高点击率。

很多媒体甚至误导了我们，真实的世界并不是媒体报道的那样，我们需要更多的信息，从书的角度，从人的角度，从历史、现在和未来的角度，才能去分析事情的全貌。

有美国的媒体学者做过调查，他们将一些新闻素材拿给编辑，看他们从中选取了哪些素材，以及如何表现这些素材。观察发现，在面对相同的一组事件时，美国的新闻工作者更热衷于报道负面事件。所以想要抢占点击率，最简单的方法就是，列出现在世界各个角落的所有坏事，然后得出一个耸人听闻的结论：现代文明正在面临前所未有的危机。

再看看我们的自媒体，是不是也喜欢报道负面新闻？你只要打开新闻，要么气得要死，要么哭得要死。如果你不打开新闻，也可以很好地生活，新闻里发生的并不是现实生活的全部。可是，当部分媒体开始有意识地利用可得性偏差之后，我们就很容易觉得，这个世界危机四伏。

2. 忘恩之罪

这个词来源于但丁的《神曲》，《神曲》中描绘了九层地狱，其中第九层地狱的名字，就叫"忘恩之罪"，讽刺的是那些不懂得知恩图报的人。其实这种人很多，你仔细观察，身边有很多这样的人，得到你的好处后，然后忘记你。但如果你眼界放宽一点，我们对这个世界，不也是这样吗？

当我们遇到问题和矛盾时，时常会抱怨连天，而顺利的时候，很少会主动去想，在歌舞升平的背后，有多少人在默默地做贡献。这次疫情我就特别有感触，当小区可以接触外卖时，我才发现平时我们点的外卖背后是多大的产业链，是有多少的人在努力。人们其实很容易忘掉世界的进步，把眼前的一切当作理所当然。就好比，什么是健康？当你开始思考它的时候，说明它已经不在了。你在身体好的时候，会以为健康是理所当然的。

史蒂芬·平克举过一个例子：天花疫苗，也就是我们说的牛痘。仅仅在 20 世纪，天花就至少造成了大约 3 亿人的死亡。后来利用牛痘制成的天花疫苗彻底改变了这个现状。20世纪80年代，人类已经几乎消灭了天花病毒。可是，当我们提到爱德华·詹纳这个名字时，也许不会有多少人有印象。可爱德华·詹纳就是第一位利用牛痘预防天花的医生。

其实这样的人有很多，比如，发明自来水氯气消毒法的埃布尔·沃尔曼、研发麻疹疫苗的约翰·恩德斯、研发白喉疫苗和破伤风疫苗的加斯顿·拉蒙……这些名字对我们来说都很陌生，但他们拯救过数以亿计的生命。

现在，我们都很期待那个能研发出更先进的新冠疫苗的人。但如果这个人真的出现，人们也很快就会遗忘。这其实是人类大脑进化过程中形成的一种本能，我们的脑容量有限，要保存重要信息，就会忘记对我们不重要的信息。

从心理学角度来说，人们很难对这个世界的馈赠一直保持感激，而是会随着时间推移，慢慢地习以为常。其实伤痛也一样，随着时间推移，会慢慢忘记。想想你失恋后，或者你刚恋爱的时候，也就伤心一会儿，高兴一段时间，很快就归于平淡了。

三、乐观的豁裂

豁裂，就是双标。人们评判自己和世界时，往往用的是双重标准。评判自己时，人们比较倾向于乐观，但是把问题从个人拓展到社会，人们就更倾向于悲观。因为人都是自私的，但对于群体，你却无法找到每一次的归属感。就如当我们提到世界的发展史时，我们总是习惯用大战来作为标尺划分时间，比如，"一战"之后"二战"之前，"9·11"事件以来，等等。可见，这种悲观的思考模式似乎一直存在。

这种划分时间的方法，会给我们一种心理暗示：每次我们在回顾人类历史的时候，第一个跳进脑海的，总是战争、灾难或者死亡；当转过头面向未来的时候，我们难免会下意识地想，历史总是不断重演的，像这样的天灾人祸，说不定迟早还会再发生。包括在我写书的当下，身边的人还在讨论：后疫情时代。想到这些，人们怎么可能对生活环境乐观得起来？

那我们应该怎么走出这样的绝境呢？其实答案只有一个——思考。

人类最重要的进步，就是我们的认知体系中，进化出了抽象思维的能力，心智可以将事物、地点、方向、人物、行为、方式和目的等基本概念组合成命题，由此创造出不计其数的想法。

这些事情发生在我们身上，你会感觉理所应当，但是如果和地球上其他的生物一对比，你就会发现人类是如此不同。因为只有人类有这样强大的思考能力，这让我们在获取信息的道路上一马当先，在学习和提高思维模式的道路上，每天都在进步。

史蒂芬·平克曾得出结论：人类最大的进步，就是学会用信息反抗熵的侵袭和进化的压力。

这句话的意思就是：当你的一切判断都来自理性思考，你的一切思考都基于客观事实时，你就在最大限度地用信息作为武器。而信息和知识是对抗悲观主义的良药。

当你觉得一切都无比悲观时，读书吧，学习吧，让信息武装大脑，让知识充满心房。

《当下的启蒙》一开始讲了个故事：史蒂芬·平克到一所大学去演讲，主题是脑科学，他说："科学家普遍认为，精神生活是由大脑的活动方式建构而成的。"

听众席上一位女生举手提问说："那我活着还有什么意义呢？"其实，她是真心想要了解：当科学的发展破除了宗教的"灵魂不朽"之后，自己该如何寻找生活的意义和目的。我们知道，过去的西方社会就是建立在宗教信仰上的。

平克的答案是"信仰理性"。

他说，当一个人坚持理性思考时，他就可以发展自己的潜能，通过学习和讨论来完善自己的推理能力，通过科学来解释世界，通过艺术和人文学科来洞察人类状况。再加上他与生俱来的同理心，使得他能尊重别人、爱别人、帮助别人。

我们天生的同理心会让我们对他人的处境感到同情，而理性能让我们运用聪明才智去改善自己和别人的状况。这是我们值得去努力的思维模式，而这种思维模式，或许能让我们走得更远。

我想，这也是我经常说的读书的意义。当你感觉一切都在陨落，万物都很悲凉时，去读本书吧，这世界并没有你想的那样糟糕。控制一下你的情绪，请记住，书本和知识，能让我们走得更远。

保持归零的状态，

不停地迭代。

提高认知:

拥有不断向上生长的思维模式

如果想让生活保持有趣,

你需要不断重燃激情,

不断创新思维。

查理·芒格的思维方式

一、查理·芒格的思维模式

《穷查理宝典》是我一直都很喜欢的一本书，因为从这本书里能窥见牛人的顶级思维模式。这些顶级的思维，其实只是特别简单的代码。

芒格是巴菲特的导师与人生合伙人，当今最伟大的投资思想家，全球第五大上市公司伯克希尔·哈撒韦的副主席。这家公司51年间保持着19.2%的年复合增长率，芒格就是这个奇迹的缔造者之一。芒格跟巴菲特不一样，巴菲特特别喜欢抛头露面，新冠肺炎疫情期间，有人写了这么一个段子：

3 月 8 日，巴菲特：我活了 89 岁，只见过一次美股熔断。

3 月 9 日，巴菲特：我活了 89 岁，只见过两次美股熔断。

3 月 12 日，巴菲特：我活了 89 岁，只见过三次美股熔断。

3 月 16 日，巴菲特：我活了 89 岁，只见过四次美股熔断。

3 月 18 日，巴菲特：我太年轻了……

当然，更著名的就是"巴菲特的午餐"，从 2003 年开始，他每年都在拍卖自己的午餐。而芒格一生都不太喜欢抛头露面，比较低调，所以要研究他的思维模式，就只能看他写的书。还有传说中的 100 个思维模型，这 100 个思维模型你可以自己查询，我就不赘述了。

芒格的第一个重要想法就是："当你手中只有一种工具的时候，你就只能用这种工具来干活。所以，最重要的事情是要牢牢记住一系列原理：复利原理、排列组合原理、决策树理论、误判心理学等，100 多种模型，它们加在一起往往能够带来特别大的力量。因为这是两种、三种或四种力量共同作用于同一个方向，你得到的通常可能更多。"

芒格很喜欢给年轻人建议：

第一，别兜售自己不会购买的东西；

第二，别为你不尊敬和钦佩的人工作；

第三，只跟你喜欢的人共事。

其实你刚入职场时，只要遵循这三条原则，就会少走很多弯路，生活也会开心很多。

曾经有一个年轻人问芒格，不要说那么多虚的，我就想问，我怎么才能变得像你一样呢？

芒格是这么说的："每天起床的时候，争取变得比从前更聪明一点。认真地、出色地完成你的任务。慢慢地，你会有所进步，这种进步不一定很快。但这样能够为快速进步打好基础——每天慢慢向前挪一点。到最后——如果你足够长寿的话——大多数人得到了他们应得的东西。"

就是这种朴实的思维：着手眼下，每天进步一点点。相信时间，人生就不会太差。

也有人问他，如何获得幸福？

他说："如果你在生活中唯一的成功就是通过买股票发财，那么这是一种失败的生活。生活不仅仅是精明地积累财富。"

是啊，生活还有太多美好的事情。这些事情比赚钱和发财重要得多。

生活和生意上的大多数成功并不是来自你去追求什么，而是来自你知道应该避免哪些事情：过早死亡、糟糕的婚姻、避免染上艾滋病、避免被抢劫……

去培养良好的习惯，多读书，避免结交邪恶之人。

芒格非常推崇反向思维，反向思维就是先弄清楚应该不做什么事情，再考虑接下来要采取的行动。成功的原因可能千奇百怪，而失败的原因就那么几个。同样地，我们想建立良好的知识体系，最好先想清楚坏的知识体系是什么，然后避免它。

当你有了这种思维方式后，就不会太在意别人的成功。当你开始研究别人为什么失败，把失败研究清楚后，就知道成功是怎么回事了。

芒格在一次给大学生的演讲中告诉他们，如果你想失败，就一定要坚持做这四件事。

第一，要反复无常，不要虔诚地做你正在做的事。只要养成这个习惯，你就能够绰绰有余地抵消你所有优点共同产生的效应，不管那种效应有多么巨大。

第二，尽可能从你们自身的经验获得知识，尽量别从其他人成功或失败的经验中广泛地吸取教训，不管他们是古人还是今人。这味药肯定能保证你们过上痛苦的生活，取得二流的成就。

其实只要看看身边发生的事情，你们就能明白拒不借鉴别人的教训所造成的后果。人类常见的灾难全都毫无创意——酒后驾车导致的身亡，鲁莽驾驶引发的残疾，无药可治的性病，加入毁形灭性的邪教的那些聪明的大学生被洗脑后变成行尸走肉，由于重蹈前人显而易见的覆辙而导致的生意失败，各种形式的集体疯狂，等等。

第三，当你们在人生的战场上遭遇第一次、第二次或者第三次严重的失败时，就请意志消沉，从此一蹶不振吧。因为即使是最幸运、最聪明的人，也会遇到许许多多的失败，这味药必定能保证你们永远地陷身在痛苦的泥沼里。

第四，尽可能地减少客观性，这样会帮助你减少获得世俗的好处所需作出的让步以及所要承受的负担，因为客观态度并不只是对伟大的物理学家和生物学家有效。

二、跨学科思维模式

芒格对我影响最大的还是跨学科的思维模型，这种跨学科的思维模型我还会在本书中多次说到。

什么是跨学科的思维模型？首先，你必须在头脑中已经拥有一些思维模型；其次，你必须把经验悬挂在头脑中由许多思维模型组成的框架上；最后，你必须拥有多元思维模型——因为如果你只能使用一两个思维模型，心理学表明，你一定会扭曲现实，直到现实符合你的思维模型为止。这些模型必须来自各个不同的学科——因为你不可能在一个小小的院系里面发现人世间全部的智慧。正是由于这个原因，单个学科大体上不具备广义上的智慧。当一个人的头脑里没有足够的思维模型时，看到的世界也不会太大。所以你必须拥有横跨许多学科的模型，从不同的角度理解这个世界。

也许你会问，连本专业都没办法精通，要学会那么多思维模型会不会让人崩溃？事实上没有那么难——因为掌握八九十个模型就差不多能让你成为拥有普世智慧的人。而在这八九十个模型里面，非常重要的只有几个，如数学建模等。

萧伯纳笔下有个人物曾经这样解释专业的缺陷：归根结底，每个专业都是蒙骗外行人的勾当。

而如果一个人拥有许多跨学科技能，那么根据定义，他就拥有了许多工具，解决难题的时候，就会有其他的想法和算法。有时候你学了一门专业，但不代表你就是专家，也不代表你不能去学其他的科目，更不代表你不可以做其他事。

如果你年轻时深受意识形态影响，然后开始传播这种固化的意识形态，那么你无异于将大脑禁锢在一种非常不幸的模式之中。

所以芒格建议，要去学习数学。此外，可靠的思维模型还来自生物学和生理学，接下来就是心理学、经济学了。

当然你还需要借用并糅合来自各个传统学科的分析工具和方法，这些学科包括历史学、心理学、数学、工程学、物理学、统计学、经济学等。为什么需要这么多学科呢？因为几乎每个系统都受到多种因素的影响，所以如果要理解这样的系统，你必须熟练地运用来自不同学科的多元思维。这就是我们说的，做一个 T 型人才，什么是 T 型人才？就是一专多能，精通一项，其余的都懂。

比如，你是个设计师，但明白数学建模；你是个作家，但读过大量经济学的书。这种交叉性的思维模式，会让你看到不一样的世界。

苏格拉底曾说自己是无知的，芒格也说过类似的话。**你不可能获得你不懂的收入，你认知以外的收入都不是你的，凭运气赚的钱，会凭本事还回去，毕竟这个世界有太多收割你的方式。**

所以，要在自己的"能力圈"内投资，如果一个项目你看不懂，别人说得再好也不要投资，不要高估你的能力范围，更不要盲目地随大流。

比如，芒格为什么不投资高科技？

芒格说："沃伦和我都不觉得我们在高科技行业拥有任何大的优势。实际上，我们认为我们很难理解软件、电脑芯片等科技行业的发展实质。所以我们尽量避开这些东西，正视我们个人的知识缺陷。"**高手就是了解自己，知道自己不知道什么，承认自己的无知。**

每个人都有他的能力圈。随着年龄的增长，你会发现，要扩大那个能力圈是非常困难的。所以你必须弄清楚自己有什么本领，喜欢什么，擅长什么，如果你要玩那些别人玩得很好但自己一窍不通的游戏，那么你注定会一败涂地。所以，**作为一个思维高手，你必须弄清楚自己的优势在哪里，必须在自己的能力圈之内竞争。**

三、投资的思维模式

最后说说投资。关于投资，芒格也说了很多标准，我总结了以下五条。

第一，不要投自己不懂的。

第二，不能只看公司的财务报表，企业内外部因素都要考虑到。因为财务报表顶多能说明企业现在的价值，但不能说明公司未来的盈利情况。投资是要求项目在未来也能赚到钱。所以，即便公司的财务报表好看，也不要轻易投资，要多方面考虑，比如，公司创始人的品质怎么样，供应商能不能保证供应，库存情况等，都需要仔细考量。

第三，关注行业壁垒。一家企业最重要的竞争优势，不是今年赚了多少钱，而是未来还能不能继续赚钱。怎么能保证公司持续盈利呢？建立行业壁垒。如果一家公司没有行业壁垒，进入门槛很低，那未来就会有很多竞争对手，谁能笑到最后就不好说了。所以，能不能建立行业壁垒，也是考察一个项目是不是值得投资的重要指标。

第四，投资股价公道的大企业，要比投资股价低的普通企业好。因为考虑到未来其他股东可能会增加注资或者转让股权，引起股权稀释，股利下降，大企业的价值更高，回报也更稳定。比如，芒格和巴菲特一起投资的《华盛顿邮报》、政府职员保险公司、可口可乐，都是大企业。

第五，不要频繁进行买卖。和巴菲特相同，芒格认为，只要几次正确的决定便能造就成功的投资生涯。你要有个本子，这个本子有二十个空栏，每投资完一次就用笔画掉一栏。所以当芒格喜欢一家企业的时候，他会下非常大的赌注，而且通常会长时间地持有该企业的股票。芒格称之为"坐等投资法"，并点明这种方法的好处："你付给交易员的费用更少，听到的废话也更少，如果这种方法生效，税务系统每年会给你1%—3%的额外回报。"在他看来，只要购买三家公司的股票就足够了。

芒格珍惜时间，做事有原则，最可贵的是，他还无比自律。

芒格喜欢与人早餐约会，时间通常是七点半。有一次一位来自中国的年轻人与芒格吃早餐时，他准时赶到，发现芒格已经坐在那里把当天的报纸都看完了。虽然离七点半还差几分钟，但让一位德高望重的老人等自己，年轻人心里很不好受。第二次约会，他大约提前了一刻钟到达，发现芒格还是已经坐在那里看报纸了。到第三次约会，他提前半小时到达，结果芒格还是在那里看报纸，仿佛他就固定在那里一样。直到第四次，他急了，狠狠心提前一个小时到达，六点半就在那里等候，到六点四十五的时候，芒格悠悠地走进来了，手里拿着一摞报纸，头也不抬地坐下，完全没有注意到这个年轻人的存在。后来他逐渐了解，芒格与人约会一定早到。到了以后也不浪费时间，会拿出准备好的报纸翻阅。自从知道芒格的这个习惯后，以后他们再约会，他都会提前到场，也拿一份报纸看，互不打扰，等七点半之后再一起吃早饭聊天。

这是一种特别高级的思维习惯，随身带书报，永远不浪费时间。如此简单的思维模式，却让人终身受益。

到底什么是模型思维

一、用不同的思维模型看世界

芒格的思维模式告诉我们，要学会运用多模型思维，这样你看问题就能更全面，可以从多角度理解这个世界。那这个世界有多少思维模型呢？我推荐你去读斯科特·佩奇的《模型思维》这本书，虽然很枯燥、很厚，甚至有大量的数学公式，但读完你肯定会有很大的收获。

2012 年，斯科特·佩奇在密歇根大学开设了一门叫"模型思维"的公开课。这门课一开始只有不到 100 人听，但随着越来越多的人开始关注和受益，现在，这堂课的学生已经超过 100 万。

什么叫模型？简单来说，模型就是经验的抽象集合。比如，你平时听到的谚语、公式、定理、公理，本质上都是一种模型。换句话说，这个世界本身是复杂的，很难理解的，但有了模型，人们便可以更简单地去理解这个世界。所谓模型，就是人类用来认知复杂世界的一种快捷方式。

芒格说的多模型，换句话说，就是用一个模型来理解世界根本不够。因为所有的模型，都有自己的应用前提，也有自己的局限性。一旦前提变了，模型就不管用了。

《统计学大师之路》的作者乔治·博克斯说过，所有的模型都是错的。它们只在特定的尺度上成立。假如只用一个模型去观察世界，就会让真理成为公式的牺牲品。所以，要想理解真实世界，我们需要的不只是模型，而且是多模型。《模型思维》这本书里提到的模型有 23 组，每组又至少包括三四种模型，所有模型加起来，将近 100 种。如果大家感兴趣，可以再查询一下。

许多时候，你做事的方法可能都对，但就是达不到预期的结果。

归根结底，你很可能就是用错了模型。

比如，在职场上，有人抱怨，为什么我天天加班，对领导唯命是从，但升职加薪和财务自由都跟我无关。那是因为，他在用友谊模型看待工作，觉得自己付出了感情，就应该获得同样的感情。有人用战争模型，把工作当作打仗；有人用家庭模型，把公司当成家。

这些例子里，他们都是在用单一模型去看这个世界，很多时候，多模型思维比方法更重要。假如你发现自己做事的方法都没问题，但就是无法获得预期的结果。你可能要反思，是不是从一开始就用错了模型。

多模型思维，是一种抛弃习惯经验、切换思考逻辑的能力。

我们处在一个快节奏的时代，人们对世界的思考存在一些问题，以为获取了一些信息，就是了解了世界。事实并不是这样。看待世界的角度有很多，比如，你去了一家家族企业，在这个企业里工作，除了要有战争模型外，也一定要有家庭模型。

二、思考的四个层级

在《模型思维》中，作者把人的思考能力，分为四个层级。

第一个层级，也是最低的层级，叫作数据，也就是你能直接观察到的事实。比如，发生了一场森林大火，你知道发生了火灾，以及哪里发生了火灾。

第二个层级，叫作信息，也就是对数据做归类统计，得出一个准确的数字。比如，你知道一年总共发生多少场火灾，火灾造成了多大的损失。

第三个层级，叫作知识，也就是你面对信息时的处理方式。比如，面对大火，你知道应该用什么技术来扑救，知道怎么组织人员，怎么预防。这些特定情况下的知识，就是我们说的模型思考。

第四个层级，叫作智慧。其指的是，你面对不同的情况，在多个模型之间，做出选择切换的能力。

智慧需要的是大量的阅读和整合能力，各个模型的穿插和交融。甚至这些模型之间相互矛盾。

比如，我们经常听到以下意义相反的谚语。

1.俗话说，好马不吃回头草；可俗话又说，浪子回头金不换！

2.俗话说，兔子不吃窝边草；可俗话又说，近水楼台先得月！

3.俗话说，宰相肚里能撑船；可俗话又说，有仇不报非君子！

4.俗话说，男子汉大丈夫，宁死不屈；可俗话又说，男子汉大丈夫，能屈能伸！

5.俗话说，打狗还得看主人；可俗话又说，杀鸡给猴看！

6.俗话说，人不犯我，我不犯人；可俗话又说，先下手为强，后下手遭殃！

7.俗话说，礼轻情意重；可俗话又说，礼多人不怪！

这是怎么回事呢？因为每一种谚语都是在特定的语境下才有用，所以有矛盾很正常。

菲茨杰拉德曾经说过，第一流智慧的体现，是同时持有两种截然相反的观点，还能正常行事。这背后其实就是多种模型的融合。

任何模型，都具备以下三个特点。

第一，它们一定是简化的，去掉了某些细节。

第二，它们都是逻辑化的。比如，物理规则，大都可以表现为某个公式。

第三，所有的模型，都是不全面的。

任何单一模型，都没法解释复杂世界。只有建立更多的模型，才能看清世界的真实面貌。

生态学家理查德·莱文斯曾说：我们的真理，说到底就是若干独立的谎言的交集。换句话说，模型其实是真实世界在某一个场景下的运行规则。场景变了，规则也要跟着变。

虽然极端，但我们知道，思考一定有多角度，只有通过多角度的学习，人才能有更多收获。

通过不同的角度，才能看到不同的世界。

这就是多元思维的能量。

交叉思考的重要性

一、如何获取交叉思维

当一个人用多元思维的方式去思考时，这些思维就会在脑子里进行交叉，这些交叉思维会诞生什么呢？

我曾经试过一些很有意思的想法，就是把不同圈子的人放在一起聚会，让他们碰撞出思维火花；也曾经把一些完全不相关的想法放在一起，让这些想法扭曲起来，看看能不能成为新东西。后来这些交叉交融的想法，都获得了一些新的可能，组成了各种新奇的创新事物，比如我，是老师、是作家，又是创业者，这些身份和想法是怎么融合起来的呢？我有一套生存方式，但一直没有一套理论架构，直到我看到了这本书：《思维不设限》。

大众对于思考的认识往往是直线的、单一的，书里称为单向思维。而在西方，多元化思维已经成了一门学科，这门学科就是为了提高学生的综合素质和创新力，因为这个世界变化太快，你必须具备这样的能力，才能在这个世界成为一个高手。这就需要你时常踏入各个领域和学科去学习。当你接触到一个人，你完全感受不到他学什么专业的时候，你就要注意了，这个人很可能是个解决问题的高手。

当一个人踏入各个领域、学科和文化形成的交叉点时，便能够将现存的概念结合在一起，从而激发出一系列的创意。这一现象被定义为"美第奇效应"。这一灵感源于15世纪意大利的创意大爆发。

美第奇家族是佛罗伦萨的一个银行世家，他们当年慷慨地资助了来自各行各业的创造者。多亏了他们，许多雕塑家、科学家、诗人、哲学家、金融家、画家、建筑家才能纷纷拥进佛罗伦萨。他们遇见彼此，相互学习，打破不同学科和文化间的屏障。所以这些创造者碰撞出无数创意，共同缔造了一个新的时代，也就是后人口中所说的文艺复兴。佛罗伦萨也因此成了创意大爆发的中心，那个时代也成了有史以来最具创造力的时代。时至今日，美第奇家族产生的影响力依然存在。

所谓"美第奇效应"，也就是现在我们常说的跨界思维。

1992年，把英镑做空的大神乔治·索罗斯写过："在研究问题过程中，他对数十个主题进行了挖掘研究，比如，知识的边界、现代艺术的发展、经典经济学的缺陷，甚至对国家改革做了展望。"那个时代，跨界思考显得很稀奇，而现在跨界思考在这个时代已经变成了家常便饭。

那么，新的思考到底是什么？在《思维不设限》这本书中提出：

第一，新的思考是由现有思想组合而成的。观点与概念不断碰撞，有时会黏附在一起，从而产生新的组合。这些创意还会空袭碰撞，再创造出新的组合。

第二，更多的想法能带来更好的想法。交叉不仅增加了各个领域想法的总数，而且能让想法倍增。新创意的组合潜力将实现指数级增长。

当我们把不同观点、文化和背景融合在一起，便极有可能产生伟大的创意。

这种思考方式在生活和工作里都很重要。

我之前在上课的时候很喜欢讲段子、讲故事，学生跟我说，你讲的段子太好玩儿了，讲的故事太有趣了，刚好那天我在家里看书，看着书本上的文字，忽然想，能不能把这些段子写下来变成书呢？于是我就开始写文章，再后来就出版了一本书，从此生活发生了很大的变化。很多人觉得我是创新，其实并不是，这些不过是把不同领域的思考（出版和教育）放在了一起，在一个交叉点上产生了巨大的化学反应，这也重新定义了我的生活。

大学教育给我们带来了很多好处，但有一处是现在教育学家公认不好的地方，就是给学生分专业，让他们只把精力放在自己本专业上，许多学生对其他专业全然不知。这样他们处理难题的时候，就容易像芒格说的那样，拿着一个锤子，看什么都像钉子。

但纵观历史，文艺复兴时期，艺术家、科学家、商人纷纷涌向门类庞杂的交叉点，大家什么都做。所以后人看到《达·芬奇传》的时候就会特别感慨，他什么都会，文科和理科门门精通。那个时候，人们的学科没有明显界限，所以萌生出无数与艺术、文化、科学相关的非凡创意，也因此创造了欧洲历史上最富有创造力的时代。然而在接下来的几个世纪当中，我们见证了专业知识的不断细化。人类把世界划分成越来越小、越来越专业的板块，学科因此四分五裂。然而到了今天，很多人还在墨守成规，希望可以通过一门学科就能吃遍天下。但这个世界正在发生巨大的变化：学科之间的传统界限，比任何时期都要模糊。

你看这世界：

酒吧只能喝酒吗？

就医取药还需要去医院吗？

衣服还会有其他功能吗？

手机只能用来通信吗？

酒店只能用来睡觉吗？

餐厅只能用来吃饭吗？

学校只能用来读书吗？

一个经济学的本科生，毕业后能不能成为英语老师？

一个英语系的学生，毕业后可不可以做程序员？

一个学导演的学生，能不能做健身教练？

如果一个人仅仅涉足一个领域，那么你只能把这个特定领域中的概念结合起来，形成沿着特定方向延伸的想法，到不了四面八方。这种想法叫"单向思维"。但是，如果你走进交叉点，便有机会把不同领域的概念连接在一起，形成向多个方向延伸的新思路，这就是"多元化思维"。这两种思维天差地别。

而具备第二种思维的人，看问题往往更全面，很多企业家、老师、导演、老板都具备这样的思维能力。根据弗朗斯的《思维不设限》一书，交叉创新具有以下共同特征。

1. 出人意料，极富吸引力。

2. 想法在各个新方向上跳跃。

3. 喜欢开拓崭新的领域。

4. 为个人、团队和企业提供独到的创意空间。

5. 率先进入新领域的人极有可能成为该领域的领导者。

6. 为数年乃至数十年内进行单向创新的其他人提供启发和灵感。

7. 能够以各种出人意料的方式影响和改变世界。

二、多个思维交叉的能量

麦克·欧菲尔德在 1971 年的一张专辑名叫《管钟》。这张专辑刚发行之初，销量惨淡。然而，在后面的日子里，销量发生了巨大的变化，在没有投放、宣传的状态下，仅仅通过口口相传，大约一年后，《管钟》已经攀升到英国各大音乐榜单的榜首，而且在榜首盘踞了长达 15 个月之久。迄今为止，《管钟》已在全球范围内累计售出了 1600 万张，而且每年依然能售出大约 10 万张。

这张专辑之所以好听，很多人认为是它很好地把摇滚乐和古典音乐放在了一起，但远远不是那么简单，我们看看它是怎么交叉的。

我们只考虑摇滚乐的三组元素：乐器、音乐结构与发声方法。

乐器：一支乐队通常包括吉他、鼓和贝斯。其他乐器偶尔也会加入进来，如萨克斯风和钢琴。我们假定一般情况下的摇滚乐作曲家会使用 4 种乐器组合进行创作。

音乐结构：摇滚乐的音乐结构有着严格的限制。摇滚乐的和弦数相对较少，而且几乎每一首都由 2—3 个段落组成，中间夹带副歌。我们假定，共有 12 种不同的音乐结构供作曲家选择。

发声方法：摇滚歌手的嗓音可以嘶哑、尖锐、有力、微弱、柔和、深情等。摇滚歌手甚至不一定非得知道怎样唱歌。我们假设摇滚乐手有 50 种可选择的发声方法。那么根据上面提到的变量,一个摇滚乐作曲家究竟可以创造出多少种组合形式呢?

可以得到 $4 \times 12 \times 50$,也就是 2400 种组合。

现在,再让我们看看古典乐作曲家是什么情况。

乐器:以交响乐为例,这种音乐形式可使用的乐器包括小提琴、喇叭、长笛、竖琴、铜锣、鼓等。我们假设古典乐作曲家有 30 种可选择的乐器。

音乐结构:与摇滚乐作曲家相比,古典乐作曲家在音乐结构方面有着更多的选择余地。我们先假定古典乐作曲家可以在 40 种音乐结构中做出选择。

发声方式:交响乐是不需要歌唱的。在其他形式的古典乐中,歌唱往往是以合唱形式为主。我们可以假设古典乐有 2 种可选择的发声方式。

如果按照刚才计算摇滚乐组合方式的方法来算,就不难发现,古典乐作曲家在创作新乐曲时,一共有 $30 \times 40 \times 2$,也就是 2400 种可选择的方式。

所以我想你很清楚了,按照这种交叉的方式,作曲家将会得到 2400×2400 种概念组合的方法,也就产生了近 600 万个新想法。

这个数字看起来大得夸张、吓人,但这就是告诉我们,打破思维的联想壁垒,踏进不同领域的交叉点,我们可以让有效的思想组合的数量剧增,远超过我们在某个单一领域里能获得的数量。

三、打破思维壁垒

有人会说，你说音乐我们可以理解，但有些事情看起来真的没什么关系啊！看似彼此毫不相干的事物，实际上是你没有参透事物之间的逻辑联系。这个世界任何事物都可以交汇、相融。其原因如下。

第一，人口在流动，所以文化也在频繁地交流。黑人到了美国，惊奇地融合出了说唱乐（Hip-pop）、爵士乐（Jazz）等品类音乐。中国的火锅，到了日本就变成了寿喜锅，到了韩国就变成了部队锅。

第二，科技的介入加速了融合。《史密森尼杂志》上刊登的一篇故事："生物技术人员从金丝蛛身上把掌握吐丝的基因提取出来，再与山羊的基因相结合。这样，山羊奶中便含有了蜘蛛网的物质成分。"融合不仅在科技领域，你会发现在创作中也很常见，只有一位作者署名的论文越来越少见，大部分论文均是由不同领域的多位作者合力完成的。这样的趋势在大学中也可以见到。大学生们选择的专业课名称出现了更多的组合。

所以我们这一生，要不停地学习。一旦某些人或者组织发现了多元化思维，便有可能从根本上改变这个世界。你可以不创新，但总有人能找到交叉点，他们就走到我们前面去了。

那为什么有些人可以找到交叉，大多数人就不行呢？因为大多数人都有"思维里的墙"。

什么是思维里的墙呢？创造力问题的先驱 J.P. 吉尔福德先生做

了一个实验：

当你读到"脚"这个字时，你会想到什么？

我们得到最普遍的答案是"鞋"，其次是"手""脚趾""腿"，因为这些跟脚有足够的关联度。超过 800 位受访者中，86% 的人都回答了其中一个词。但是，有一名受访者回答了以下这些词语：老鼠、雪、物理学、帽子。他的脑子里的墙就少了许多。

还有一个例子，当你读到"命令"这个词时，会想到什么？最常见的答案是"指令"，紧随其后的是"军队""服从"和"长官"。这几个答案会占全部回答的 71%。但是，还有一名受访者回答了以下词语：警察、顺从、战争、帽子。

吉尔福德由此得出结论，看到"脚"这个词时，联想壁垒较低的人思维更开阔，更有可能产生不寻常的想法。

想要打破联想壁垒，我们需要大量训练，平时就要充分地刻意练习。

大多数人的联想链条都存在于特定的领域之内，是可预测的。然而对于联想壁垒较低的人来说，他们的联想链条是沿着一条不规则的路径发展的。所以人要长期去读书，多跟牛人交流，平时多练习，打破思维壁垒，拆掉思维里的墙，才能看到更大的世界。

我甚至建议大家去学一门外语，因为一个人如果能在不同的文化背景中生活与工作，并且愿意花大量时间学会欣赏这些文化中的精华，读大量不同观点的书，那么他一定能轻易地打破联想壁垒，甚至从一开始就能避免产生壁垒。

四、用读书打开自己的思维

我想再次强调读书的重要性，因为读书能帮你吸取那些聪明人的大脑精华，你可以不上学，但是你一定要读书。这世界没有什么天才，天天能持续想出各种各样的新点子，只有训练才能让人有持久靠谱的灵感。

比如，托马斯·爱迪生，他其实没有接受过任何高等教育。尽管如此，爱迪生怀抱着饱满的学习热情，如饥似渴地学习任何他感兴趣的知识。20岁那年，他已经读完了化学、电力学领域的著作，并依据这些作品进行了上百次实验，最后才有了属于自己的时代。

苹果和皮克斯工作室的创始人史蒂夫·乔布斯同样没有完成大学学业，但是乔布斯一直没有放弃学习，只不过他的学习不是通过学校，而是通过阅读。

查尔斯·达尔文的功课一直低于平均水平，因为他将大部分时间花在自己感兴趣的东西上。他在风景如画的英国乡间观察植物，拜访当地有名的科学家，并与他们直接对话。达尔文是这样说的："我认为我所学到的最具有价值的东西都是通过自学习得的。"

我也是大学没读完，现在混得还行，要知道，我最早也只是个军校学生。

这些有成就的人都有个特点，喜欢大量读书，喜欢自学。这些事情都说明了，在没有教师、同行、专家指导的情况下花大量的时间阅读和学习是有意义的。

学自己感兴趣的，读提升自己的书。

五、逆转假设

当然，如果你问除了刻意训练，真的没有其他方法了吗？其实也有，要想创新，还有个方法叫"逆转假设"。

逆转假设是一种非常有效的创新方法，能够改变人们分析事物时所用的传统思考方式。

首先，设想一下这个情景相关的假设。接下来，将这些假设写下来，再把它们推翻。

举个例子：假设你想要开一家餐馆，却苦于没有新意，那么你要怎样做呢？首先，写下与开办餐馆相关且较普遍的假设，然后将这些假设逆转。

比如，假设餐馆里有菜单，我们逆转，变成无菜单的餐馆：厨师会把他当天在肉市、鱼市、菜市购得的食材告诉每一位顾客。食客自主选择想吃的食材，再由大厨为每一位客人定制菜肴。

餐馆里菜品需要收费，我们逆转，变成菜品免费的餐馆：这家餐馆其实类似于咖啡厅。客人在此处聊天、工作。咖啡厅按照客人停留的时间收费，并且会免费为客人提供一些便宜的食物和饮料。

餐馆里提供食物，我们逆转，变成不提供食物的餐馆：这是一间充满异域风情的餐厅，设有许多设计独特的包间。人们用野餐篮自带食物与饮料，为使用就餐地点和时间而付费。

假如你刚好想开餐馆，某个方案在你看来特别有意思，那么你可以尽可能地完善它，从更广泛的角度思考如何让这个方案成为现实。

你可能觉得这些想法不可能实现。

但是，我以上说的那些餐厅，现在都已经存在。

还有一些实现逆转假设的方法。比如，你可以先设定一个目标，然后对其进行逆转。怎样才能让顾客在银行办事的体验尽可能地糟糕？怎样才能把客人赶跑？怎么才能上课的时候让学生一个都不来？怎样写书可以一本都卖不出去？这些你想着想着，就会觉得有意思。脑洞这件事一定是通过大量训练获得的。

这里有以下三条干货建议。

第一，永远对世界保持好奇。

人越大，越不容易对事物好奇，所以永保好奇心很难得。

第二，多和不同群体的人打交道。

我们之所以喜欢与同类人接触，除了基因影响，还有一个原因，就是和这些人相处会让我们觉得舒服，但这样并不适合我们成长。

第三，不断提升自己的联想能力。

你要时刻练习自己的联想能力。比如，把不同的人组在一起，把不同圈子的人放在一起，把不同的事情、领域放在一起。把思考模式养成习惯，会成为良性循环。

六、永远不要停下前进的脚步

成功的发明家和创新者身上到底有没有什么共同特点？有。那就是：想法和创意多，而且多到让人难以置信的地步。

请注意，只有多，才能从中挑选出好的。

毕加索创作了 2 万件艺术品，爱因斯坦写出了超过 240 篇论文，巴赫每周都能创作一首乐曲，爱迪生申请了 1039 项专利。今天，除了大量原创作品，歌手王子还私藏了 1000 首未公开的创作歌曲，创业家理查德·布兰森创办的公司多达 250 余家。

很多人说我高产，5 年写了 10 本书，其实并不是。我们看看最有潜力获得诺贝尔文学奖的文学家乔伊斯·卡罗尔·欧茨，1964 年，欧茨出版了她的第一部小说，此后便一发而不可收。之后的大约 12 年间，欧茨一共出版了 45 部小说、29 本故事集、8 本诗集、5 部剧本、9 本散文集和 16 卷作品选。对欧茨而言，写故事就像写贺卡一样简单，我作为同行当然无比羡慕。可他们的成就真的是因为天赋吗？并不是。

请注意，并不是因为他们写得好，创作得好才成功，而是因为他们创作得多。

莫扎特、巴赫、贝多芬所流传下来的曲目仅占他们创作的全部作品的 35%。我们现在，也只看见了毕加索全部作品中很少的一部分。爱因斯坦所著的大部分论文,如今也销声匿迹,不再有人引用参考。许多世界知名作家都曾写过许多拿不出手的作品;许多才华横溢的导演也执导过毫无创意的烂片,但是大家只会记得那几部好的;有过卓越成绩的企业巨头也有过失败的投资;站在学科前沿的科学家,也发表过毫无声息的论文。

加利福尼亚大学的心理学家迪恩·西蒙顿在其著作《天才的源泉》中说:"思维创新者不是由于获得成功而实现产出,而是因为有产出所以成功。新颖想法数量上的大幅提高,最终必然导致思想质量的提高。"

所以经常有创作者一部作品失败了,就垂头丧气,看到这儿,请你一定要知道:就算失败了,你还要继续写,继续尝试,永远不要停下前进的脚步。但是你要反思后,再往前走。一定不要停止创作,因为交叉性思维是不同概念随机结合产生的结果,那也就意味着这种结合越随机,越有可能产生出乎意料的想法。但前提是,不要停下来。

最后分享几个具体的方法。

1. 主动思考

比如,一家砖厂的销售额锐减,厂家为此开始设想砖头的新用途,以改善销售惨淡的境况。假设你接到砖厂的求助电话,请思考你要如何解决这个问题,并记下你脑子里的答案。

根据统计,大多数人可以写出 3—6 种答案,比如,砖头可用来砌墙、造房、搭烟囱、铺设人行道。

接下来，请注意，好记性不如烂笔头：拿出一张纸，列举砖的用途，强迫自己不应少于 30 种。第一个闪进你脑子里的想法往往是最普通的、最没有创造力的想法。比如，砖头是用来砌墙的，而最后一个方案很有可能更有创造力。

比如，砖可以当作桌子腿，或者用作船只的配重。不要怕失败，要知道麦克·欧菲尔德进行了 2300 次录制才得到《管钟》这张唱片。为了发明电灯泡，托马斯·爱迪生进行了超过 9000 次实验。为了发明燃料电池，他做了 50000 次实验。爱迪生事实上给自己定了一个数量上的目标。他每隔 10 天要想出一个小发明，每隔 6 个月得创造一个大发明。给自己定个数量目标，主动思考。

2. 和别人一起头脑风暴

头脑风暴的规矩很简单，只要遵循以下几点即可。

（1）想法越多越好；

（2）别按套路出牌；

（3）在他人的想法之外继续延伸；

（4）不对这些想法进行价值判断。

有个方法很有意思：

大家围坐在一张桌子旁，每个人面前都有一张空白的题纸。除了面前的题纸，在桌子中间，每个人都能伸手够到的地方，也有一张空白题纸。待讨论的问题已提前告知大家，或者清楚地写在纸上。讨论开始后，每个人要在自己面前的题纸上写下或画下自己的想法。然后，大家要把题纸揉作一团，扔到桌子中间，再去拿其他人的题纸。读过其他人的想法以后，人们要在此基础上建立一个新的想法。无论是否能直接在他人的想法之上建立新想法，人们都要在纸上写出另一个想法，再把题纸扔回桌子中央。如此循环往复。每当一个人从桌子中央拾取他人的题纸时，都会读到此前的想法，设法把它们联系起来，由此触发新的灵感。这种方式在虚拟网络环境中同样效果显著，也就是人见不到人的时候，特别好。参与者可以连续不断地对其他人的想法发表评论，并且在他人的想法之上建立新想法。

3. 允许自己犯错

　　如果你的想法需要时间，请留出犯错的时间。

　　不是每次创新都需要时间，也不是每次创新都能成功，但你需要犯错，别怕挫折，这点很重要。

创新思维和背后的逻辑

一、创新不是从未做过的事

除了交叉思维可以促进创新思维，还有什么拿起来就可以用的思维方式呢？

我曾在一个论坛里跟一位设计师聊创新。他问我，文学发展到今天，还会有创新吗？这句话把我问住了。因为现在无论我们写什么，都很难构成一个新的流派，前人把所有能写的都写过了。于是我问他，那你们设计界呢？他说，我们也是无论怎么创新，总能看到前人的影子。

我说，那你们绝望吗？

他说，当然不，现在我们有了大数据和人工智能。这些让我们有了一条新的创新之路。

我愣在那儿，说，那不就是拼接吗？

他说，和互联网、大数据、人工智能的拼接，就是创新。

这给了我很大的启发，其实我们每次一说到创新，大家第一反应都会觉得这事儿特别神奇，觉得必须是上帝给你一个灵光乍现的、谁都不知道的灵感，才算是创新。

但其实并不是，就比如我们在创业的时候特别喜欢说一句话：想法是最不值钱的。

因为你想到过的所有所谓很新的点子，别人其实都想过了。

直到几年后，我找到了一本脑科学专家、畅销书作家、《西部世界》第二季的科学顾问大卫·伊格曼写的书《飞奔的物种》，才知道创新其实也有着自己的规律。

二、重复抑制

人为什么不能飞？奶牛为什么不能说普通话？松鼠为什么不能钻洞？鲨鱼为什么不能直立行走？这是因为，在人类大脑运作的程序中，产生了一种进化调节，这种调节不仅可以使我们认识这个世界，还可以让我们进行假设性创造。

为什么人类可以迅速地适应周围的一切？这是因为存在一种叫

作重复抑制的现象。当大脑习惯了某样东西，之后每次看到它时，大脑对它的反应会越来越弱。因为人的注意力从进化以来就是有限的，越是熟悉的东西，我们在它身上分配的神经能量就越少。这就是为什么你第一次去新公司上班的时候，似乎要花很长时间。第二天，你会感觉开车的时间稍短了一些。再过一段时间，好像没开多久就到了，因为不用太费脑子了。

可是，久而久之，人们就会习惯一种没有惊喜的生活状态，但缺少惊喜对我们来说是不行的。我们对某些事物越了解，思考就越不费力，熟悉会滋生出冷漠，冷漠会让生活无趣。我们的重复抑制一旦开始，注意力就会减弱，想想那些结婚十几年后平淡如水的婚姻，和最好的朋友天天朝夕相处……

如果想让生活保持有趣，你需要不断重燃激情。

你听到的一些笑话之所以好笑，是因为大脑总是试图做预测，而笑点就是与这些预测相违背的。一旦这个笑话被讲了多次，你也就不觉得好笑了。

这也就解释了，人为什么总喜欢换发型、换衣服、换包等。因为一方面，我们的大脑试着用预测的方式来节省能量；另一方面，大脑又沉浸在寻求意外之事中不能自拔。我们既不想生活在无限循环之中，也不想一直生活在意外之中。于是我们需要不断寻找平衡。

所以就诞生了创新。

我们和其他动物有什么不同吗？其实仔细观察，你会发现，其他生物大多是靠自动行为生存的。拿蜜蜂来说，同一种刺激每次都会引发相同的反应。因此蜜蜂能够做出在蓝色花朵上降落、在黄色花朵上降落、攻击或飞行等判断。可是，为什么蜜蜂不能创造性地思考呢？脑科学解释说，因为它们的神经元是固定在特定位置上的，信号的输入与输出，就像是被设计好的一样。蜜蜂还没出生，这些神经元队列就在大脑中开始成形了，大自然告诉它们，无法改变。

人类与蜜蜂不同的是，我们灵活学习新技能的能力非常强，因为长久的学习能力，我们的大脑很容易形成新的神经元线路。

那么，蜜蜂的大脑和人类的大脑有什么不同呢？如果1只蜜蜂的大脑有100万个神经元，1个人就有1000亿个。人类的大脑是最强的武器，因此人类能够完成更多行为。

三、人的两种行为

人有两种行为，一种叫自动行为，另一种叫中介行为。所谓自动行为，就是每天我们按照惯性的行动。

但中介行为很有趣，中介行为是经过深思熟虑的。比如，你去理解一首诗、与朋友进行深度对话、针对问题想出解决方案、头脑风暴等。这种思维方式要求我们找到新路径，在脑子里建立新的神经元回路，进而产生创造性的想法。中介行为才是我们创造新鲜事物的原因，也是创造力的神经基础。所谓创新，就是通过新的思路，打破习惯。

创新没那么神奇，比如，每天早上你起床第一件事就是玩手机，但如果头天晚上你把手机放在其他地方，第二天早上你做的第一件事是去洗脸，这就是创新。

很多人以为，创新很神奇，创新思维不是每个人都可以拥有的，它和先天或者基因有关，但真的是这样吗？

四、灵感的背后是大量的努力

1994 年，整形外科医生安东尼·奇科里亚在户外打电话的时候，忽然被闪电击中。几周后，他的生活发生了变化，他竟然突然开始作曲。可是他此前从未学过音乐。

在随后的几年里，他创作出了"闪电奏鸣曲"，他说自己创作的音乐是"上天"赐予的，他也无法解释。

很多人以为他被"创造的闪电"瞬间击中，导致身体出现了化学反应，于是有了创新的想法。但并不是，创造性的想法是进化来的。创新思维是由现有的记忆和印象产生的，其产生来自大脑中交织着的数十亿微小的火花，而不是闪电球。

真实情况是什么呢？根据研究者的发现，其实他小的时候早就学过作曲，这项技能一直在他的脑子里。因为后来人们发现，其实他在被闪电打中之前，早就听、学了大量的古典音乐。只不过在后来陈述事实的时候，他有意地弱化了这些刻苦的准备。

想起我身边很多作家、导演朋友，当被人问到你是怎么写出那么厉害的一句话时，他会笑一笑，说"我天生的"，或者编出一个小时候的故事。但其实并不是，一个作家之所以能写出让人惊讶的东西无非两个原因：第一个是读得多，第二个是写得多。哪有什么横空出世的灵感，无非是一个人无比努力的结果。

天才莫扎特，有一封流传很广的书信，信中记录了他的创作方式，说他在创作音乐的时候，经常是脑子里浮现出新的乐谱，然后一气呵成写在纸上。但实际上，从莫扎特给他父亲、妹妹和家人的真实信件中，我们知道那封传说中的信是伪造的。他作曲并不仅仅是靠天赋，而是一遍遍修改、重写。创新的背后，并不是靠才华和想象，而是大量的努力。

我的朋友尹延曾经说，尚龙，你很幸运，因为你是那种一分努力就能有一分回报的人。其实并不是，我十分努力才能有一分回报，石雷鹏老师是一百分努力才能看到一分回报。

虽然是玩笑，但灵感其实就是如此。

五、创新思维的公式

《飞奔的物种》中提到了3个创新的基本法则：扭曲（bending）、打破（breaking）和融合（blending）。这3B原则，就是创新思维发展的公式。

扭曲，原版会被调整或扭曲到变形。

打破，指的是一个整体被拆开。

融合，两个或者更多的素材结合在一起。

人类的创造力就是从这个机制中产生的，其实你看，创新并不邪乎，我们可以扭曲、打破、融合所观察到的一切事物，这些工具使我们能够跳脱现实进行推断。

我们先说扭曲。艺术对现实的扭曲就是创新。

有一个故事说，1907 年，26 岁的毕加索生活在巴塞罗那，过着穷困潦倒的生活，连画布都买不起。就在这个时候，毕加索接到了一张巨幅油画订单，有人请他到巴塞罗那的红灯区给几名风尘女子画像，这下，机会就来了。甲方要求，这幅画的长、宽都在 2 米多，其余的发挥想象就好。毕加索也非常重视，光是草稿就打了 700 次，酝酿了几个月后才正式动笔。

结果画一出来，所有人一看，都傻了。因为看上去，这幅画人不像人，东西不像东西。

这就是当年著名的画像：《亚威农少女》。这幅画颠覆了以往的艺术方法的立体主义经典画作，可以说，《亚威农少女》是毕加索一生的转折点，没有它，也就不会诞生现在的立体主义。

那么，是什么使毕加索的作品如此具有原创性？答案就是，他改变了欧洲画家打了几百年的幌子——忠于生活。"在毕加索的画笔之下，人的四肢是扭曲的，5个人物仿佛是用5种不同的风格来画的，其中两个的脸像是戴了面具。在他的画中，人看起来已不完全像人，但又是人。毕加索的画一下子削弱了西方世界一直以来对美、端庄和真实的观念。《亚威农少女》代表着对艺术传统最猛烈的打击之一。"这幅画如今被纽约现代艺术博物馆收藏，也是他们的镇馆之宝。博物馆的领导曾经说："回顾过去的100年，从来没有一幅作品如此大地改变了当代的艺术。"这里所说的改变，其实就是扭曲。

写作也是一样，一个人把现实扭曲，就容易形成文学和故事的模糊性；把一个人的性格扭曲，他就容易说出本来不应该说的话。

扭曲是对现存原型的改造，通过对大小、形状、材料、速度、顺序等方面进行改变，打开充满各种可能性的源泉。

除此之外，假设你想把一个主题分开，并将它分解成一个个组成部分，那么，我们就需要大脑的第二个技能：打破。

所谓打破，就是把某个过程的整体拆分成一个个小的、细碎的片段。

说回毕加索。格尔尼卡是西班牙北部巴斯克省的一个小镇，

1937 年 4 月 26 日，德国战机应西班牙国民军政府的要求，向格尔尼卡猛烈轰炸，造成严重伤亡。毕加索无比愤怒，于是创作了这幅画：《格尔尼卡》。在画中，毕加索还是没有进行写实的具化，而是用"打破"来展现战争的恐怖：平民、动物和士兵都变成七零八落的碎片，躯干、腿、头……没有完整的形象，都是不连贯的，这些都是对残酷和痛苦的呈现。其实往回追溯，这种打破的案例到处都是，希腊雕塑中也有很多是只有头或胳膊的残存物，虽然如此反而呈现出了不一样的美感。此外，我们都以为小说应该讲故事，但是《不能承受生命之轻》就突破了小说的故事性写法，走入了哲学层面。

打破使我们能够把坚实或连续的东西分解成可管理的部分，而我们大脑的破坏设施，则把世界分解成可以重建和重塑的单位。像扭曲一样，打破可以在单一来源上运行：你可以把图像转化成像素，或把建筑物的地板旋转移动，把坚不可摧的东西分成最小单位。

如果打破还不够，那还要有第三条：融合。

在融合时，大脑会以神奇的方式将两个或更多信息源结合在一起。其实你看到的身边很多创新，都是融合的结果。比如，美国的火锅店提供叉子和刀，麦当劳来到中国后开始卖豆浆、油条，圣诞节在中国变成了充满商业化的节日。

全世界有许多将人与动物融合后创造出来的神秘生物。希腊神话中这样的创新就太多了，古希腊人将人与牛结合在一起，创造出了人身牛头怪兽；古希腊的潘恩长得十分丑陋，头上生了两只角，而下半身该是脚的部分却长着只羊蹄，他有着人一样的头和身躯，山羊的腿、角和耳朵，这也是摩羯座的由来；还有在《俄狄浦斯》故事里的狮身人面像斯芬克斯。当然，古中国也有很多这样的融合，比如美人鱼（人和鱼的结合），比如猪八戒（人和猪的结合），比如龙（多种动物的组合）。

与古代神话学一样，电影里的超级英雄往往也是各种神奇的融合物：蝙蝠侠、蜘蛛侠、蚁人、金刚狼等。神话传说与科学有相通的地方。

遗传学教授兰迪·刘易斯认为，蜘蛛丝有极大的商业潜能：如果蜘蛛丝可以大批量生产，就可以生产出超轻防弹服。但蜘蛛很难养殖，一旦数量增多，它们便会以彼此为食。除此之外，要想从蜘蛛那里获取蜘蛛丝非常困难：养殖100万只蜘蛛需要用82个人，花数年时间，才能提取足够的丝以织出约4平方米的布。后来，刘易斯想出了一个有创意的点子：就是上文提到的，将负责产丝的DNA植入山羊的基因中，生成了蜘蛛羊，它看起来像一只山羊，但产的奶中有蜘蛛丝。刘易斯和他的团队挤出奶，并在实验室中提取蜘蛛丝。

这样，科技就加速了融合。

遗传工程开创了现实生活幻想的前沿阵地，人们不仅创造了蜘蛛羊，还创造了能生产人类胰岛素的细菌，以及有海蜇基因的鱼和猪。除此之外，还有世界上首只转基因狗，它有海葵的基因，在紫外线的照射下会变成荧光红色。

这都是融合的力量。

我们把大自然的一切，都用在我们身上，这就是创新思维。

日本工程师中津英治的工作是设计高速列车，这种列车有一个天然的缺陷：列车的扁头在高速行驶时会产生刺耳的噪声。作为一名痴迷的鸟类观察者，他发现，翠鸟的锥形嘴可以让它在捕捉水中的鱼时不起波澜。于是，中津英治提出了融合的方式，在列车头部装一个像鸟嘴一样的"鼻子"，果然能够让列车在以每小时320公里的速度行驶时降低噪声。

在不久的将来，世界会把人带到何处我们不知道，但这种融合的思维势必会让世界变样。

大脑经常将它接收到的许多事物进行奇妙的融合，当你感受到两个或者多个思维融合在一起时，千万不要回绝，去深思一下，这是我们下一章要讲的：思维上的"交叉点"。

请你相信，只有你想不到的，没有结合不了的。

其实现在比较火的，就是"互联网+"，传统行业的任何东西跟互联网融合都是创新。

比如在线教育、在线游戏、在线运动、在线恋爱、在线婚姻……

现在和过去的融合，就像我写的《刺》这部小说。不同语言融合的例子太多了：sofa、soda…这些都是从国外引进的词语，同时中国这些词也被收录到了美国的城市词典（在线俚语词典）中：long time no see, chengguan…

六、对一切保持怀疑

其实除了以上三个方法，不同的书里还写了不同的对创新的理解。

我认为终极的创新，就是对教条主义说不，就是怀疑过去一切根深蒂固的偏见。人的大脑很奇怪，一旦出现新事物，大脑中的海马体很难找到匹配的记忆，海马体就会将这种不熟悉的信号发射给大脑的另一个部位"杏仁核"，"杏仁核"是驱动我们情绪的神经元，它会使我们感觉到不确定性，进而引起我们的反感和困惑。如果可能的话，我们会尽可能避免这种不确定性，所以人们更喜欢熟悉的事物，排斥陌生的新事物。

但创新思维，就是要保持归零的状态，就是不停地去挑战过去的思考，就是不停地迭代。

19世纪，奥地利维也纳大量的妇女和婴儿在分娩期间失去生命，致死原因叫"产褥热"。产科医生塞麦尔维斯在工作中发现了一个惊人的现象，如果医生在接生前洗手，就会有效避免产褥热，降低产妇和婴儿死亡。于是他开始号召大家洗手，但是当时持续了两千年的医学教条主流观点是：医生的手是不可能携带疾病的，医生的手就是天使的手，怎么可能脏。塞麦尔维斯虽然无法证明医生洗手和挽救产妇生命之间有什么联系，但他坚持这么认为，导致整个医学界强烈抵制他。

几年后，原本前途光明的塞麦尔维斯失去了工作，患上了心理疾病，最终死在精神病院。

可笑的是，他死后不久，法国微生物学家路易斯·巴斯德解答了这个问题，发现了微生物活体可以引发很多疾病，这就是著名的"细菌致病论"，它证实了塞麦尔维斯的做法是正确的。

可惜的是，他看不到了。

但他和他的同事用自己的坚持和对过去的挑战，完成了一次创新。

这次创新，看起来很简单，实际上无比沉重。

而这个故事也告诉我们，所谓终极的创新思维，就是怀疑一切，哪怕有时我们要付出生命的代价。

七、付出行动

最后用一个故事结尾。

1492 年，哥伦布发现新大陆之后，从海上回国，西班牙皇室授予他很高的荣誉。许多人认为这是一件极其创新的举动，他们发现了更远的世界。但是，不少贵族不服气，一次宴会上，一个贵族就直接质疑哥伦布说："只要出海一直往一个方向走，总会发现那片陆地的。"

哥伦布没有直接反驳，而是从餐桌上拿起一个鸡蛋，问在座的宾客："请问，你们谁能够让这个鸡蛋立起来？"

这时大家纷纷开始尝试，把鸡蛋扶直，可一松手，鸡蛋就倒下了。

这时，哥伦布拿起鸡蛋的一头在餐桌上轻轻一磕，鸡蛋壳敲破了一点，鸡蛋就稳稳地立起来了。在场的宾客一看这么简单，又嘲讽起来："这有什么了不起的？"哥伦布笑着说："是没什么了不起的，可是，你们为什么做不到呢？"

这其实就是创新最重要的秘密，不管你怎么想，一定要学会去做。

去做点什么，比你怎么想，要重要得多。

什么是成长型思维

一、两种思维模式

《终身成长》这本书中提到，人有两种思维模式。

第一种是固定型的思维方式，"人们相信自己的才能是一成不变的——固定型的思维模式会使你急于一遍遍地证明自己的能力。"但是并没有什么成长的痕迹。

第二种是成长型的思维方式，顾名思义，就是相信自己一直在成长。其实，"当你有时间和精力提升自己时，为什么要浪费时间一遍又一遍地去证明自己的杰出呢？在路上的人，为什么要炫耀终点呢？为什么要找那些只能保护自己自尊心的人做朋友，而不是那些可以促进你成长的人作为自己的朋友和搭档呢？为什么要去找那些自己屡试不爽的事,而不是去选择一些可以提高自己的事来做呢？即使事情发展不顺利，也能拥有这种想要提升自己并坚持不懈的激情，这就是拥有成长型思维模式的人身上的标志。"这种思维模式，让人们在人生遭遇重大挑战的时候，依然可以茁壮成长。而只有这种思维，才能带你走得更远。

二、两种思维的人有什么区别

我们先从孩子开始说起，很多家长都知道夸孩子很重要。但是如果做个实验，一个夸孩子聪明，一个夸孩子努力，两个孩子谁能走得更远？答案是努力。因为一味夸孩子聪明，他就会进入一个固定型思维模式，觉得自己很聪明，也就不再进步了。

在固定型思维的世界里，遇到挫折意味着失败。得到一个糟糕的成绩，输掉一场比赛，被炒鱿鱼，被拒绝，被打败，这些都意味着你不够聪明，不够有天赋。而在成长型思维的世界里，没有达到想达到的目标，或者没有完全发挥自己的潜能，才意味着失败。换句话说，没有努力、没有成长才意味着失败。

在固定型思维的世界里，努力是一件坏事。努力和失败一样，意味着你不够聪明，不够有天赋。如果你足够聪明，根本就不需要努力。而在成长型思维的世界里，努力可以让你变得更聪明，更有才能。

那有人问，难道这个世界就没有天才吗？比如莫扎特、达尔文，不是天才吗？他们为世界做出那么多贡献，其实都并非依赖于天赋。

《终身成长》这本书里面说，"达尔文的著作《物种起源》也是经过多年的团队协作、与同事和导师的上千次讨论，废弃了数篇草稿，奉献了半生精力，才最终完成的"，并不是忽然得到了灵感而创作出来的。换句话说，是他的不放弃和成长型思维才让他走到了那个高度。

莫扎特也是经历了超过 10 年的酝酿，才创作出今天让我们仰慕的作品。在此之前，他的作品并不是原创的，也没有那么出色，实际上只是将其他作曲家的作品进行大块拼接而已，他也是在多次交叉点上爆发了而已。

回到日常生活中来，看看思维模式如何让我们在真实生活中取得成就。我们来看看一个普通的学生是怎么用成长型思维来获得成功的。

研究者在一些学生进入初中时评估了他们的思维模式：他们相信自己的智力水平是固定不变的，还是可以发展和提高的？后来，研究者对他们之后两年的学习生活进行了追踪。

结果发现，在研究中，只有具有固定型思维模式的学生会出现成绩下滑的情况。他们的成绩在长期的自以为是中突然下降，并在接下来的两年里越来越差；而具有成长型思维模式的学生在后来的两年里成绩逐步提高。

具有固定型思维模式的学生是这样解释他们糟糕的成绩的：有一些人会贬低自己的能力，"我是最笨的"或者"我被数学搞得头都大了"。还有很多人为了掩盖这种情绪，转而去责怪其他人，"因为数学老师又胖又讨厌""因为英语老师是一个瘦子"。这些五花八门的分析问题的方式，让他们很难在未来获得成功。简单来说，他们病了，患了"不愿努力"综合征。具有固定型思维模式的学生说，他们在学校的主要目标除了让自己显得聪明以外，就是尽可能少地付出努力。他们更喜欢那些形容自己聪明的词，更不愿意表达自己的努力。他们甚至在考砸后，会谎报自己的成绩。为了维持自己的聪明，他们无所不用。

而具有成长型思维模式的学生认为，停止努力是自己无法理解的一件事，一个人怎么可能不努力就获得成功呢？对他们来说，青春期是一个充满了机遇的时期，在这个时期可以学习新的科目，可以找到兴趣点，以及未来想要做什么。

那天赋重要吗？我们经常会看到一些书里说，那些天才儿童都怎么样，孩子确实有智商高低的区别，但是，我们大多数的普通人，远远没有到拼智商的程度。

早年的加菲尔德高中被认为是洛杉矶最差的高中之一，仅仅说那里的学生拒绝学习、教师精疲力竭都太委婉了，如果可以的话，你可以看一部电影——《187美国社会档案》，就能明白那时的学生根本不是学生，而是流氓。但身为教师的杰米·埃斯卡兰特当时没有犹豫，决定教这些来自贫民区的孩子大学水平的微积分。凭借他的成长型思维模式，杰米·埃斯卡兰特问自己"我应该怎样去教他们"而不是"我能不能教他们"，"他们怎样才能学得最好"而不是"他们能学会吗"。最终，他不仅教会了学生微积分，还和同事让这些学生在全国数学考试中遥遥领先。1987年，在大学预修课程微积分考试中，只有三所公立高中参加考试的人数高于加菲尔德高中，这三所学校都是纽约数学与自然科学方向的精英学校。后来，这一事迹被拍成了著名电影《为人师表》。换句话说，每个孩子都可以是天使，也都可以是恶魔。

其实所有的学习，都和天赋没有过分的关系，甚至是艺术领域，就算是那些说自己没有任何艺术细胞的人，在具备了成长型思维后，通过训练，都能得到很大的提高。

三、不要夸人聪明

当你夸一个人是天才的时候，看起来是赞扬，但久而久之是很危险的。

《终身成长》这本书里面记载了一个励志故事。美国有一个运动员叫比利·比恩，在读高二的时候，他已经是整个篮球队得分最高的学生了，此外，他还是橄榄球队的四分卫和棒球队的击球员，这么一看，他简直是个天才。所以越来越多的人说他真是个运动天才，久而久之，他潜意识里就真的这么认同了。但他有个特点，每次事情进展不顺利的时候，就会破坏身边的物品。为什么呢？后来人们去研究，发现不仅仅是因为他不喜欢失败，而且因为他根本不知道如何面对失败。是啊，天才怎么会失败呢。后来他从小联盟比赛打到大联盟比赛，状态越来越糟糕，每一次击球失败，他都很崩溃。

后来一个球探说：比利认为，自己是完美的，不可能会打出界外球。这就是典型的固定型思维模式：天才不需要做任何努力，努力属于他人，努力属于缺乏天赋的人，我怎么能需要努力？所以比利虽然具备天赋，但被自己超凡的天赋困住了。就好比你周围人天天说你有天赋，你确实也有，但你反而不容易爆发出惊人的成就。

与之相反的是比利身边的一个人，叫戴克斯，他没有什么天赋，但有个特点，就是不停地训练。比利非常敬畏他，因为他说，他没有失败的概念，失败了就继续来。后来经过很长时间的思考后，比利意识到：思维模式比天赋还重要。

最后他终于开始关注于方法和思维模式，失败了就再来，虽然有天赋，但是依旧需要不停训练来磨炼自己。2002 年，比利作为奥克兰运动队的总经理，带领自己的团队赢了 103 场比赛，成为分区冠军，而这套成长型思维模式他教给了自己的每一个队员。

所以不要管什么天赋，一旦一个人被贴上标签，只剩下固定型思维模式，一切就会变得松散了。因为人只有具备成长型思维，才能突破天赋给自己带来的限制。所以，你可以看到只有 1.6 米高的蒂尼·博格斯在 NBA 打球；道格·弗卢蒂，一名矮小的四分卫，曾效力于新英格兰爱国者队和圣地亚哥电光队；皮特·格雷，一名独臂的棒球运动员，打入了大联盟；本·霍根，姿势不够协调，却成为最优秀的高尔夫运动员之一；格伦·坎宁安，著名的中长跑运动员，腿曾经因为烧伤被严重损坏。有意思的是，你可以看到这些矮小、不够协调甚至"残疾"的运动员做到了这些事情，而一些天才型选手却没能做到。

因为当你被贴上肯定的标签时，你就会害怕失去它；当你被贴上否定的标签时，你就会害怕自己正如标签所说。一旦被贴上标签，固定型思维模式就来了。女孩子更容易被人贴标签，而且更容易受到标签的影响。其实很多女孩子是能力出众、成就很高的。因为很多女孩子从小就很完美主义，喜欢听别人称赞自己，说自己举止得体、惹人喜爱、智力过人，习惯性相信那些外界对自己贴的标签和评价。一旦听到别人责骂自己，第一反应就是他们说的是真的，会很受伤。

男生就好很多，因为大部分男生从小就被责骂惩罚，在小学，男生因为自己的行为被责骂的次数是女生的 8 倍，所以他们对别人的评价并不会太在乎，甚至也不太会感受到攻击力。所以女孩子更需要培养自己的成长型思维，让自己不惧怕这些评价。

四、企业的思维

不仅是人，对企业、公司贴标签都可能会造成影响。2001 年，美国一家巨型公司——安然公司，宣布破产。

美国企业对人才十分痴迷，只招那些简历漂亮的人，这当然没问题。但后来变成了企业文化，就出问题了，每个人做所有事情都要表达自己是聪明的，是人才，整个公司就不会再进步了。因为一个不能纠错的公司，是不可能蓬勃发展的。

很多公司的员工、领导者都觉得自己不可战胜、无懈可击，不需要改变，这种思维会让他们越来越"装"。如果没有变化，整个公司的企业文化就会越来越特权化。在安然公司里，他们的管理者不仅拿到很多钱，还安插自己的亲人进公司，开豪华的圣诞派对，周围的人只能赞美，不能批判，久而久之这种固定型的思维让他们创造出了一个"奇妙王国"。在这个王国中，国王的英明被一次次认证，这样的固定型思维，最后只能滋生出造假、邪恶。

这个社会需要成长型的企业。我们经常会看到一些大的企业家，比如，巴菲特、芒格，公司规模做得这么大了还在主动认错。所以，无论是个人还是公司，永远学习、倾听、信任、成长，特别重要。

我们做个总结：

固定型思维模式会限制人的成就。它让人们的头脑中充满了干扰信息，让人们不屑于努力，毁掉学习策略，也会让其他人变成审判者而非我们的同伴。无论是名人还是普通的大学生，想达成重要成就都需要明确的关注点、全身心的努力、无穷无尽的策略，还有学习中的同伴。这就是成长型思维模式能够给予人们的，也是成长型思维模式可以帮助人们发展能力并结出丰硕果实的原因。

成长型思维认为，成功来源于尽自己最大的努力做事，来源于学习和自我提高，这也是我们在这些优秀者身上看到的。成长型思维认为，失败可以给人动力，挫折可以告诉我们更多。

比如，迈克尔·乔丹，虽然是篮球界的"神话"，但他并不是一个天才，他是最努力的。当年，他被高中校队淘汰了，他的母亲说，你回学校好好训练，然后他每天早上六点离开家，在上课前练习，不断提高自己。后来他成功了，别人都说他是个天才，但他的努力还是出了名的。后来因为家里有人去世，他又去打棒球，依旧很努力。又一年，公牛队在季后赛被淘汰。他告诉自己："你不可能离开又回来，还想继续称霸篮球场。从现在开始，你将从身体到思想上都做好准备。"很少有人能够如此坦白。所以，公牛队在接下来三年里都赢得了 NBA 总冠军。

乔丹接受自己的失败。在他最喜欢的一则耐克广告中，他说："我有超过 9000 次投篮没有命中，曾经输掉约 300 场比赛。有 26 次，人们相信我会投出决胜的一球，但是我没有。"可以确定的是，在他说的这些比赛结束之后，他肯定回去进行了上百次投篮训练。

很有趣的是，为什么乔丹的球技没有随着年龄的增长而变差呢？因为年龄的原因，很多球员的体力和状态不好了，其实他的体力和灵活度确实不如以前了，但是为了弥补这一缺陷，他更加努力地训练自己的协调性和动作，比如，转身跳投和他最著名的后仰跳投。他加入联盟赛的时候是一名灌篮好手，而当他离开的时候，他已经成为给联赛带来最多惊喜的一名全方位发展的球员。

真正厉害的人不会怨天尤人，而是在失败中反思，去寻找失败原因。

这套成长型思维太重要了，你甚至可以放在爱情中去运用。很多人和朋友关系断裂了、绝交了，固定型思维的人就会觉得是自己的问题，或者是别人的问题；但成长型思维的人会想，我应该怎么在这段过程中学到点什么，争取以后不再犯同样的错误。甚至通过学习，有人忽然开始意识到社交能力是可以提高的，社会互动是用来学习和享受的，而不是用来评判别人的。

五、如何培养成长型思维

首先，你要相信人是可以改变的。

你可以问问自己这些问题：

想一想你心中的英雄。你认为他是个仅靠非凡的能力，并没有付出什么努力就取得成功的人吗？现在去查一查，真的是这样吗？去看看他为了取得成就付出了多少努力——然后你会比以前更钦佩他。

想一想其他人比你强、你认为别人更聪明或有天赋的时刻。如果你知道他们背后做了些什么，你就会明白，他们只是用了更好的学习技巧，自学了更多内容，进行了更多练习，并跨越了障碍。其实你也可以做到这些，只要你愿意。

你是否在某些时候觉得自己很傻，好像大脑短路了？那么下一次遇到这种情况时，让自己用成长型思维模式去看待问题，去想想遇到这样的事情该如何学习和提高自己，而不是一味地评价自己、打败自己。

你会给自己的孩子贴标签吗？这个孩子是艺术家，那个是科学家。请记住，你这样说并不会帮助他们，即使你可能是在称赞他们。就像我们上面提到的研究，一味对孩子的能力进行夸奖，只会让他们的智力测验得分降低。你应该换用成长型思维模式的方式去鼓励他们。

创造条件去教你身边的大人和孩子掌握成长型思维模式吧，比如你的父母、教练和老师。他们对孩子的影响都是很大的，但你仔细看看，身边有多少固定型思考模式的父母、教练和老师，如果你想让他们做出改变，首先就是别让他们夸孩子聪明。

当人们经常称赞一个人聪明时，就不会称赞他所付出的努力，慢慢地，他一定会变得越来越害怕挑战。更令人吃惊的是，这种对挑战的恐惧逐步蔓延，超越了学术领域以至体育领域，甚至会蔓延到情感领域。这会变成最严重的学习障碍。

这里有几条干货分享给你。

1. 多听一些思维方式的讲座。

有时候你一个人干想一天，还不如老师一句话管用。

2. 思维模式研讨会。

多跟一些具备成长型思维模式的人聊天，少跟那些死板的人沟通和相处。这点非常重要。

3. 迈出第一步。

考虑好你的目标，想想怎么做才能实现它，有哪些步骤，然后迈出第一步。

4. 持续改变。

当人们为了拓展事业，治愈伤痛，帮助孩子成才，减轻体重或者控制脾气而改变思维的时候，你会发现，事情刚刚好转，他们就不会继续坚持做那些让事情好转的事情了。就像你的病刚好，就不吃药了。但你的改变不会持续，你减肥成功了，导致你肥胖的问题还在；你的孩子对学习有了兴趣，问题也不会一下子没了。所以，这就是为什么嗜酒者每天都在循环往复的过程里纠结痛苦。

持续改变需要时间。

最后，希望你也成为终身学习者，拥有学习型思维模式。

思考有快与慢，

思维水平也有高与低。

PART

4

成长利器:
提升思维层次比努力更重要

思维的提升是一个渐进的过程,
我们不可能通过参加简单的初级课程
便成为一个卓越的思考者。
改变一个人的思维习惯是一项长期工程,
只有长年累月才有可能见成效,
而非数周或数月就可以达到你以为的目标。

低水平思考和高水平思考

思考有快与慢，那么思考有没有高与低？高水平思考和低水平思考有没有相应的规则和概念呢？答案是有。像我们之前说的反思思维、科学思维、批判性思维都属于高水平思考，那么什么是低水平思考呢？

推荐你阅读《思辨与立场：生活中无处不在的批判性思维工具》，这本书主要就是对人的思维进行解读。

高水平的思考是每个人都在追求的，如果想做到这一点，你必须去探索自己的思维，但是很多人完全不了解自己的思维。人生百年，你有没有花几天时间去审视自己的思维和它的结构，观察它的潜意识和想表达的话语，认识它有偏差的地方和优势所在？大多数人终其一生都是不懂反思自己思维的人，但有趣的是，这样也可以安然度过一生。成为一个会思考的人，你需要理解心智的各种功能、成长过程的长期性，最重要的是，你需要全身心地投入练习。

只要你保证每天练习，就能够让你的思维发生根本性的改变。你需要去了解自己不好的思维习惯和低水平思考，进而去不断提升你的思维品质和思维习惯。

一、思维的 3 个层次

思维水平可以分为 3 个层次。

层次 1：思维的较低层次

处于这一层的人很多，其基本特点是：无反省，低技能混合的水平，常常依赖自己的直觉，有很大程度的自利特点，自我蒙蔽，常觉得自己是最牛的。相反，越有知识的人越觉得自己是无知的。

层次 2：思维的高级层次

这种思维层次的特点是：选择性反省，有高技能水平，但不具有一贯的公平和理性，会诡辩。什么是诡辩呢？简单来说，就是那些让你感觉明显不太对劲，但又说不出哪里不对劲的假道理。比如著名的"芝诺悖论"。古希腊学者芝诺提出：阿基里斯永远也追不上乌龟。比如，你想追上乌龟，得先到达乌龟目前所在的地方。但是，当你到达乌龟所在的地方时，乌龟又向前走了一段路，你又得追上这段路。等你追上，乌龟又走远了。这么反反复复，你永远也追不上乌龟。再如，你永远也不可能走过一座桥。因为当你走过这座桥时，一定会先经过这座桥的一半。当你走完一半，剩下的一半又可以再分成两段。这么不断分下去，等待你的是无穷个一半。你不可能在有限的时间里，走过无限的一半。当然，我们都知道，这些论断都是错的。因为我们有经验、有事实来佐证。

层次 3：思维的最高层次

反省外显化，你会发现这个人时时刻刻在反省，保持一贯的公平合理。这点很难，但养成习惯后，会终身受益。这样的人可能会很无趣，太理性的思维很容易让人显得太刻薄，这时还需要高情商，当然这是另一个话题了。

一个普通人如果能达到层次 2 就已经不容易了。高水平思考的人有以下几个特点。

1. 他们从内心深处质疑自己的观点，所以他们很少自大自傲。

2. 他们能站在客观的角度看待最有说服力的观点以及与他们视角不一致的观点，所以他们时常是谦逊、谦虚的。

3. 他们能用一种辩证的方式进行思考：在什么条件下他们的观

点最有可能是站不住脚的，而又在什么条件下与自己对立者的观点是最有道理的。

4. 当证据显示自己的观点站不住脚时，他们会改变自己的观点，而不考虑自己的利益或与之相关方的利益。

5. 他们能做到不因自己的权利和需求而去牺牲他人的权利和需求。

这几条看起来很简单，但做起来很难。

二、如何实现高水平思考

接下来让我们实现高水平的思考方式吧！

1. 认知谦逊和认知自负

所谓认知谦逊，就是承认自己无知。当一个人开始承认自己无知时，他的世界才会变得越来越大。古希腊有一个传说，一个人来到阿波罗神殿求神谕时问道：谁是这个城邦最聪明的人？祭司说是苏格拉底。苏格拉底却说，我唯一知道的东西，就是我什么也不知道。这样保持认知谦逊的模式，让苏格拉底获得了名誉和满足。

认知谦逊意味着，我们在任何情况下都不需要假装渊博。当然，这并不需要我们表现得懦弱和唯唯诺诺，只要我们不矫饰、自夸和自负，并对自己信念具有逻辑基础，具有洞察力。其实我们知道的远比我们自己以为的少，人们经常会处于一种错觉里，那就是觉得自己拥有很多知识。

认知谦逊让我们意识到自己知识的局限性。同时，由于我们天生的自我中心性，我们周围的环境因素也会令我们陷入自我蒙蔽。认知谦逊亦可令我们对这些环境因素保持敏感。越是智者，越能意识到自己的渺小与不足。明智地承认自己的局限，这是到达高水平思考的第一步。走出小我，才能成就大我；放下自我，才能超越自我。

认知谦逊就是高水平的思考。

认知谦逊的反义词就是认知自负，这是人类固有的自我中心倾向，如果人总是以自我为中心，必然产生认知自负。认知自负令我们相信，自己懂的东西比实际知道的东西更多，认为我们的思维几乎从不出错，我们不需要提升自己的思维；我们的所见所闻都是事实，我们讲的就是真理。

一知半解的人比什么都不知道的人更可怕，因为他知道一点点，又不全面，但认知自负会让他以为自己什么都知道，最后的结果就是海量自负导致的自我负伤。人的偏见都是这么来的。

神经科学家说，这可能跟大脑的运行机制有关。我们的大脑中有一部分，特别想知道我们错在哪里，喜欢看到我们的弱点，以便我们能够得到进化，做得更好。但是，大脑中的另一部分，把真实的评价和批评，当成了别人对自己的攻击，拼命采取各种防御机制，让自己免于受到攻击。你的大脑中的两个部分分别负责一个理智的你，一个情绪化的你，两者总是在作对，都在争夺对你的控制权。

那么，到底怎样做，才能让自己不要进入认知自负呢？我的建议只有一个：保持极度开放的态度，承认自己有盲点、有缺陷，承认这个世界有无数的可能。

2. 认知勇气和认知怯懦

在早期的人类社会中，如果一个人和别人不一样，很可能会受到惩罚，甚至可能被驱逐出自己的部落和村庄。于是人们学会了合群，学会了不去表达自己的观点，久而久之，就忘记了自己的观点。有的人在一个集体和认知环境下，逐渐形成了一套根深蒂固的观点：一听到别人讲一些不一样的事情，第一反应就是抵制和逃避；听到不一样的观点，要么反对，要么捂住耳朵。

而具备认知勇气，是能够意识到那些我们有强烈抵触情绪，或从来不愿意认真倾听的思想、信念和观点，却仍然愿意去面对它们。

真正的认知勇气就是愿意去挑战你的信念，比如，宗教价值观或是原生家庭对你的影响。其实，当一个人的底层价值观和根深蒂固的认知被挑战时，有认知勇气的人，会第一时间去了解，然后去接受和操作，逐渐就能看到更大的世界。有本书叫《你当像鸟飞往你的山》，作者塔拉·韦斯特弗是一个十七岁前从未踏入教室的大山女孩，当她第一次听到课堂上老师讲的知识和从小爸爸跟她说的不一样时，她没有认知怯懦，而是选择了勇敢地去上网寻找真实发生的历史。后来，她靠自学取得了剑桥大学历史学博士学位。她来自一个极少有人能想象的家庭。这个家庭里的成员不上学，不就医，不允许他们拥有自己的声音。直到她逃离大山，才打开另一个世界。

3. 换位思考和以自我为中心

所谓换位思考，英文叫 stand in someone's shoes，就是钻进别人的鞋子里，为别人着想。

换位思考是设身处地站在他人的立场考虑问题，从而真诚地理解他人。

对于公司来说，越是高层的管理者，他们的思维越以策略和经营为导向；越是基层的员工，他们的思维越偏向执行。所以沟通不顺很正常，因为大家很少具备换位思考的能力。

有两个办法可以训练自己的换位思考能力：第一，训练自己的软技能，包括倾听、提问、思考对方的感受、不轻易批评等；第二，增加自己的经验，当你拥有跟对方相同的经验时，你会更容易理解对方的处境，通常也会更具有同理心。

作为一名员工，如果你跟不上主管的思维，你将很难在自己的工作中取得成功，并且很可能常常感到沮丧。同理，作为主管，如果你不能从下属的角度思考问题，就很难理解为什么他们会我行我素。

对于家庭来说也一样，如果你不能猜透配偶的心思，婚姻的质量可能会受到严重影响。如果你不能站在孩子的角度看问题，他们可能会误解和疏远你。

你回到家，看到太太冲你发火，千万别反击回去。同理，看你丈夫回家晚了，也别着急攻击。站在对方的角度思考，这是一种高水平思考。

换位思考的反义词是以自我为中心。我曾在《你只是看起来很努力》这本书里写过一篇文章叫《再好的朋友，也经不起你过分的直白》，那些动不动就开口说"不好意思，我这人就是直白"的人，本质上就是不喜欢换位思考，喜欢以自我为中心。我的建议是，这样的人还是要远离，更别让自己成为这样的人。

4. 认知一致和认知虚伪

认知一致的意思是，认识到我们需要确保自己思维的理性，并对自己和别人持相同的标准。

换句话说，要求别人做到的事，你自己也要做到。诚实地承认我们思想和行动中存在缺口和不一致的地方，并积极探寻我们思维不一致的地方。很多父母，要求孩子好好学习、读书，自己却从来不进图书馆，买东西从来不买书，这种思维模式就是认知一致的反义词，叫认知虚伪。所谓认知虚伪，也就是双标。说一套做一套，言行不一致。

其实每个人都有认知虚伪，但是只要你自己知道，并且在改正的路上就好。

认知虚伪有很多原因，一些是因为自己，一些是因为环境。比如,我年初给自己定下的目标,现在还在很努力地按部就班地实现中。但如果有一天我实现不了，大环境变了怎么办？没关系，我至少要反思，要去调整，要做到知行合一。

认知虚伪的确很正常，但高水平思考的人会意识到这件事有问题，低水平思考的人会继续我行我素。其实我认为，最好的老师不仅要言传，还要身教，只有自己做到终身学习，才会影响学生。这就是认知一致。

5. 认知坚毅和认知惰性

认知坚毅是指尽管任务中存在令人沮丧的因素，但仍然坚持挑战认知上的复杂性。有些问题很复杂，这使它不能轻易地得到解决。当我们面临复杂性深植于认知任务中不放弃时，我们就具备了认知坚毅。

我的好朋友蓝盈莹参加"乘风破浪的姐姐"，我虽然没看完，但看到她在网上说了这样一句话："我是一个特别喜欢听别人跟我说你不行的人，只要他跟我说你不行，我就会燃起熊熊斗志，一定要行给你看。"

这其实就是认知坚毅。记得有一次跟她吃饭，她滴酒不沾，我却喝多了，但我一直记得一件事：那天到了很晚才结束，她第二天还要赶飞机，要训练唱歌和跳舞。她的钢琴、尤克里里全是自学的。光环的背后，谁知道她付出了多少努力，要知道她是表演系毕业的，这些都不是她的专业。

我也是这样，我特别喜欢别人说我不行，比如别人说，李尚龙别写小说了，我不，我不仅要写，还要拍成电视剧。这种别人说你不行，或者你明明知道这件事情很困难，却还是执意要做的思维模式，我们称为认知坚毅。

与之相反的叫认知惰性：当所追求的方向明显令人困惑和存在困难时，这种倾向令人避免这些追求；当某个问题需要持续很长的时间方能解决时，这种倾向令人变得不耐烦。但凡有点痛苦和沮丧，马上就放弃。

这种人我们身边非常多，从英语考试就能看出来。应对英语考试的第一步肯定是背单词，后面还有做真题、掌握技巧、模拟考试，等等，许多人一看这么多单词就决定，算了，不背了。

6. 信赖推理和怀疑推理

所谓信赖推理，就是我们因为信赖某人，就觉得他做的什么都对。以下是一些可能会因为信赖得出的推理：

（1）忠实于传统上作为族长的父辈（由宗教或社会传统所指定）；

（2）忠实于机构中的当权者（雇主等）；

（3）忠实于精神力量（现存的宗教信念体系所界定的某种神圣的精神）；

（4）忠实于某个社会群体（某个自己的部门、某人所属的小圈子等）；

（5）忠实于某个政治或经济的思想体系；

（7）忠实于某人非理性的情绪；

（9）忠实于社会习俗或社会和文化群体的道德观念。

其实还有一类信赖推理，比如追星。追星本身是没问题的，因为你在追星的路上，也可以逐渐变成更好的自己，但问题是，如果你认为他讲的所有东西、代言的所有产品、拍的所有电影都是无懈可击的，这就错了。因为这让你陷入了低水平思考。

我们每个人都容易犯这个错误，你可以回想一下你通常会依赖哪些人，将他们的名字列成一张表，将其作为你所忠实的对象来源。然后思考一下，有没有什么时候，他们说的什么话你是不同意的；做的什么事，你是持保留意见的。

与之相反的思考方式叫怀疑推理，你可以这么思考：你是否曾经放弃过某个你深信不疑的信念。之所以放弃这个信念是因为你通过阅读、体验、反思，你被说服这一信念并不像你所想的那样合理。你是否已经准备好，或者愿意承认，一些你最容易为之激动的信念实际上是错的或不合逻辑的。如果你有了这种思考，高水平思考就开始了。

7. 成为独立思考者

我们从小就被教育要独立思考，却不知道什么是独立思考，思维自主者掌控着自己的生活，不会让别人的马在自己的脑子里撒野。

我们从《思辨与立场》里找到了独立思考的定义：

他们不会去非理性地依赖他人，他们也不被孩子气的情绪所控制。他们是具有胜任力的，他们有始有终。在信念的形成过程中，批判性思考者并不会被动地接受他人的观点和信念。相反，他们通过自己看清情境和问题，并拒绝不公正的权威，但同时也认识到权威在合理推理中的贡献。他们在形成思维原则时很慎重，同时不会一不留神就接受呈现在面前的思想。他们做事的方式不会局限在许可的范围内。当别人对传统和惯例不加质疑地接受时，他们要事先评估才会接受。独立的思考者努力将知识和自己的见解糅合在自己的思维中，且不关心知识和见解提供者的身份地位。他们不任性、不固执或对其他人合理的建议不负责任。他们在思考过程中会监控自己的思维，以发现自己思维中的错误。他们自由地选择自己信奉的价值并使之发挥作用。

以上这段话，值得你多读两遍，以便确保你真的明白了什么是独立思考。我自己每次遇到大事的时候，都会进行独立思考。把自己关在一个房间里，不受任何人影响，按照上面的定义，去找到内心深处的答案。

8. 批判性思考

除了独立思考，还有一种思考很重要，叫批判性思考。这也是一定要学会的思维模式。所谓批判性思考，并不是什么事情都要批判别人，这种人叫"杠精"，批判性思考就是一种探究式的、寻找答案的思考方式。进行批判性思考的过程，其实就是不断地提出探索性的问题，检验各种观点和论据，最后做出决定的过程。

在《思辨与立场》这本书中，批判性思考有 4 个层级：

层级 1：无思维反思意识者（我们注意不到自己思维中的重要问题）。

我们身边很多大人，甚至很多教师和父母自身都是不懂反思的人，这其实是恶性循环的产物。不反思的父母教育出不反思的小孩，然后这些小孩变成不反思的成人，大多数人最终又成为他人的父母。然而，一旦你清楚地认识到你处在这个层级，那么你已经开始在向第二个层级前进了，也许你已快要打破这个不反思的恶性循环了。

层级 2：有思维反思意识者（注意到自己思维中的问题）。

如果我们认识到，我们的思维方式塑造着自己的生活，包括认识到我们思维中的问题会导致我们的生活中也出现问题，那么我们就处于第二层级了。

你从自己的思维中发现的问题越多，越愿意清楚地详述这些弱点，你就越有可能接受挑战来提升自己的思维。

层级 3：起点上的思维提升者（试图提高，但是缺乏定期练习）。

当一个人积极地决定接受挑战，希望自己成长和发展成为一个集大成的思考者时，这个人便进入了我们所称的"起点上的思维提升者"的层级。

层级 4：行进中的思维提升者（认识到定期练习的必要性）。

人们清楚地认识到思维的提升需要定期练习，并且采用某些练习的常规制度，然后，便成了所谓的"行进中的思维提升者"。这是大多数技能发展领域都存在的问题：人们通常情况下都不能坚持，他们不能养成定期练习的习惯。

这里有个问题清单，如果可以，大家可以在每天将要结束时定期训练：

● 我这一天中最糟糕的思考是什么？

● 我这一天中最棒的思考是什么？

● 我这一天中都思考了哪些事情？

● 我弄懂了所有事情吗？

● 我允许了一些不必要的消极思维让自己陷入沮丧吗？

●如果这一天我要从头来过，我所做的会有什么不同？为什么？

●我做了任何能推进自己长远目标的事情吗？

●我做了我着手要做的事情吗？为什么？或为什么没做？

●我的所作所为符合自己表达的价值观吗？

●如果我未来10年的每天都这样度过，我最终能获得对得起这段时间的成就吗？

请注意，批判性思考和受教育程度无关。很多大学生、研究生都不太喜欢反思和进行批判性思考，由于他们受过教育，认知上存在自负，就更难找到批判性思考和反思的乐趣。

作为一个具有批判性思维的人，我们心里应该时刻揣着这些问题反思：我的思维清晰吗？准确吗？具有关联性吗？符合逻辑吗？在处理一个重要问题吗？在当下背景中可以被证明吗？对各个相关的观点公平吗？通常，我们会在一个或更多的要素上使用这些标准：

●清晰性；

●关联性；

●逻辑性；

●准确性；

●深度；

●重要性；

●广度；

●公平性。

　　思维的提升是个渐进的过程，我们不可能通过参加简单的初级课程便成为一个卓越的思考者。改变一个人的思维习惯是一项长期工程，只有长年累月才有可能见成效，而非数周或数月就可以达到你以为的目标。

　　抓紧训练吧，少年！

关于时间的思考

在上一篇的结尾，我们说到了时间。写这一篇文章时我陷入沉思，思维和时间有关系吗？

说到时间，每个人每天都只有 24 个小时，那我们每个人的 24 小时有什么不同吗？换句话说，每个人今年都只有 365 天，每一天的状态都一样吗？或者，每个人都只有一辈子，这一辈子的每一天都是相同的吗？

直到我找到丹尼尔·平克的一本书《时机管理》，才发现许多时间的秘密，都藏在了里面。这是一本关于时间的书。在生活中，我们总是关心 how、what、why，却忘了还有一个很重要的因素，也就是 when：何时跳槽，何时发布坏消息，何时上课，何时结束婚姻，何时跑步，或者何时开始认真对待一个项目，何时和一个人在一起……但是，我们大部分决定都是靠直觉和猜测做出的，还有一些人是靠心情和惯性做决定的。其实掌握时机，是一门艺术。

好的时机，能事半功倍。这也是思维里藏的密码。

一、你一天最高效的时候

我们从推特（Twitter）开始说起，推特相当于我们的微博。全世界有推特账号的人接近 10 亿，每秒发布的消息大约为 6000 条。科研团队开始对这些信息进行研究发现：人们的积极情绪通常在清晨最为活跃。毕竟早上跟打了鸡血似的，感到活力四射，早上起床拥抱太阳，满满的正能量。但是，这种情绪在下午直线下降，傍晚时又再次回升。

也就是说，我们的情绪曲线在一天中呈 U 形。

这一结果跟地区无关，无论是北美用户还是亚洲用户；跟宗教无关，无论是宗教人士还是无神论者；也跟肤色无关，无论是黑皮肤、白皮肤还是棕色皮肤；都是如此。

丹尼尔·平克在书中说，其实每个工作日基本上都一样，周末会略有不同。在星期六和星期天，人的积极情绪水平总体较高，早上的高峰时间比平时晚两个小时左右开始，可能是因为睡懒觉，但整体形态保持不变。

每日通勤时间通常是人们最不开心的时候，而最快乐的时候是和爱侣亲热时。

所以研究人员把这种现象称为：每天的节律感。

为了证明这种"节律感"是不是真的，他们让900多位不同种族、不同年龄、不同家庭收入水平、不同教育水平的美国女性，把前一天想象成"一部电影中的一连串场景或片段"，每个片段长度是15分钟到2小时。然后，让这些女性描述每个片段中自己在做什么，让她们从幸福、沮丧、快乐、烦恼等12个形容词中选择一个来描述自己当时的情绪。结果如何？还是U形，毫无偏差。于是研究者发现了"一种持续而显著的双峰模式"：人在一天中有两个情绪高峰期，就是早上和晚上。

掌握了这个规律，假设你现在在创业，并且是个领导，就最好不要在下午开会，这个时候是你和整个团队状态最差的时候。当然你可能不信，你说你就是那种精力特别旺盛的领导。但请记住，CEO、总监、领导也是人，与其他人一样，也会受到每天情绪变化的影响。

实验也研究了很多CEO，发现了一个现象：如果早上召开电话会议，往往伴随着乐观和积极的氛围。但随着时间的推移，参加会议的人语调越来越消极，越来越犹豫不决。午餐时间，情绪稍微反弹，可能是因为要吃饭了，但在午后，消极情绪再次加重，只有在股市收盘后，也就是下班时间，状态才有所回调。

所以，无论你是谁，一整天保持高强度、高清醒的状态，都不容易。

我们普通人也是如此。大家看我们平时的生活状态：是不是每天到了深夜就感觉全世界都是自己的；早上从被窝里起来背单词，是不是精神状态也都特别饱满。但中午，想想你中午在干吗？那下午呢？是不是几乎都很低能量。

怎么样，是不是发现，时机开始变得越来越重要了？

这里有两个总结：

第一，人的认知能力在一天中不会保持不变。在 16 个小时左右的清醒时间里，人的认知能力在以一种规律的、可预见的方式发生改变。某些时段，人们会比其他时候要更聪明、更敏锐、更有创造力，但有些时候，人会更愚笨、更迟钝、更缺乏创意。

第二，这些日常波动比人们想象的要更极端。每天的高点和低点之间的表现差异，相当于你喝大了酒和没喝酒的差别。

知道了这两条总结，你更应该在状态好的时候把重要的事情做了。

具体什么时间呢？

成年人在早晨解决问题的思维表现最佳。当我们醒来时，体温会慢慢升高。体温上升逐渐提高了我们的能量水平和警觉性，反过来又促进了我们的执行力、注意力和逻辑推理能力。也就是说，在这个时候，你一定要去做最重要的事情，比如，背单词，完成工作，读书，提高自己。因为对于大多数人来说，最敏锐的分析能力会在上午晚些时候或中午左右达到高峰。

说完大人，我们也聊聊孩子。

哈佛大学研究人员对 200 名丹麦学生 4 年的考试结果进行分析，发现了一个特别神奇的现象：学生早上参加考试取得的成绩比下午参加考试取得的成绩要好。所以，考试时间对学生成绩的影响大吗？答案是，很大。大到与其父母的收入和文化水平，或者一学年缺课两个星期对成绩的影响相当。

这告诉我们，时间虽然不能说明一切，但时间非常重要。

很多美国学生跟我们一样都是上午四节课，比起后两节课上数学课的学生，前两节课上数学课的学生，数学考试的平均成绩更高，在州级考试中的成绩也更高。所以，丹尼尔·平克说："结果表明，学生在早晨的学习效率往往更高，尤其是在数学方面。"

我在读到这儿的时候，特别有感触。知道这个规律后，我每天都把最重要的事放在早上做。我经常早上起来，甚至不吃早饭，先坐在电脑边上写一个小时。然后感觉状态变差了，再去洗漱、吃早饭，这样就把最佳状态的一个小时的时间用好了。

那下午这些时间，包括状态不好的时间，我们应该干吗呢？

请注意：有些人把这种现象称为"灵感悖论"，即当人的脑力不在最优状态时，创新能力和创造力反而是最鼎盛的。

把诸如艺术和创意写作这样的课程放在一天中的非最佳时间，

将有助于学生在这些学科上取得最好成绩。所以在下午的时间，你可以多做一些不用占据你大脑带宽的事情，做一些天马行空的事情，比如，拼个图，搭个积木，总之是放飞自我的时间。再或者，你可以选择去锻炼身体，反正这段时间也没办法做什么重要的事情，让身体运动起来吧。

只要把时间用好，就可以事半功倍。

二、两种人

那么是不是每个人都是下午的状态一塌糊涂呢？

并不是，人和人是不同的，每个人都有自己的"时间类型"，人可以分为两种：第一种是夜间型，比如爱迪生，这类人日出很久才会醒来，讨厌早晨，直到下午甚至傍晚才迎来高峰。我们感谢他的发明，因为有了电灯，这个世界上越来越多的人可以利用晚上的时间做点什么了，早年没有电灯，人们到了晚上就必须睡觉了。

第二种则是早间型，起床很轻松，白天感觉活力充沛，晚上却疲惫不堪。我父亲就是这样的人，我每次拉他晚上聊天，到了九点就一定要睡觉，我特别兴奋的时候，他已经眼睛都睁不开了。

总结一下：我们中有一些人是"猫头鹰"，有一些人则是"云雀"。

那什么样的人是"云雀"，什么样的人是"猫头鹰"呢？其实决定时间类型的因素中，遗传因素占到了一半，也就是说，是"云雀"

还是"猫头鹰"是天生的，不是后天养成的。另外，还有一个令人吃惊的发现：秋冬出生的人更有可能是"云雀"，春夏出生的人更可能是"猫头鹰"。

除了遗传因素，对一个人的时间类型影响最大的因素是年龄。做父母的都知道，小孩子一般都是"云雀"：他们早早醒来，一整天叽叽喳喳叫个不停，就像我们家楼上的小孩，每天都会很有规律地吵醒我，我现在基本不用定闹铃，每天早晨七点半，孩子就开始哭、开始跺脚。但孩子一到傍晚就会安静下来，这时就又到我的精神状态比较好的时候了。随着孩子长大，青春期前，这些"云雀"会慢慢变成"猫头鹰"。尤其是开始找伴侣时、有心事时，人就容易变成"猫头鹰"。

本杰明·富兰克林说过一句话："早睡早起能使一个人健康、富有、聪明。"我们也经常听别人这样说。其实，事实并非绝对。目前没有任何证据能够证明早睡早起的人更聪明。反而是那些"猫头鹰"可能拥有更多的创造力、更强的工作记忆力，更可能在智力测验中拿高分，他们甚至拥有更多的幽默感。因为晚上安静，更能促发灵感。

问题在于，我们的企业、政府和教育体系都是为"云雀"也就是早起者设计的。"猫头鹰"这种人像左撇子一样生活在右撇子的世界里，被迫使用人们为右撇子设计的一切。

所以你是什么类型的人呢？这个你要对自己有所了解，才能更好地调节自己的思维。

假设你是一个"猫头鹰"，还必须参加早会，必须早起干活儿，你可以采取一些预防措施。比如，在前一天晚上列出自己在会上需要做的、需要讲的所有事项。列清单，在状态不好的时候，对照着清单来。在进入会议室之前，用不超过 10 分钟的时间到外面散一会儿步，或者喝杯咖啡和茶，这些都会帮你提振精神，调整你的状态。

进入职场之后，你也一定要尝试学会向上管理，温和地告诉你的老板，你什么时候工作状态最好，但要说明这对企业是有好处的。比如，告诉老板，你给我的任务，如果放在上午做，我能完成大部分，所以或许我在中午之前应该少参加一些会议。但老板不听就没办法了，可以试着换一份工作。跟老板交流很重要，我们当时一起做"考虫"的时候，我就一个要求，就是我不坐班。我是这么说的："我坐班反而压力大、效率低，我自己在家效率反而高了很多。"幸亏沟通后，真的做了调整，我才有了今天这么多时间写作。

总结一下： 人大约在每天醒来平均 7 个小时后，大脑功能会迎来低谷，这时发生的事情将比一天中其他时间内发生的更可能导致危险。

尤其是在医疗领域，这些显得格外毛骨悚然。杜克大学医学中心的研究人员研究了大约 90000 例手术，发现了很多麻醉师的失误、医生的失误，或者对患者造成的伤害，还发现下午三四点钟发生不良事件的情况明显"更频繁"。上午 9 点出现问题的概率约为 1%，下午 4 点则是 4.2%。换句话说，当有人要向你注射麻醉药物，刚好他在低谷也就是三四点时，出错的概率是早上的 4 倍多。对患者造成实际伤害的概率，上午 8 点是 0.3%，下午 3 点提高到了 1%。换句话说，就是每 100 例出现 1 例，增加了 2 倍多。果然，这个 U 形曲线又在发挥作用了。

在某些诊室，上午 11 点，医生在检查中平均每次会发现超过 1.1 个息肉（是指人体组织表面长出的赘生物）。到下午 2 点，虽然患者和早上的没区别，但被发现的息肉数量只有上午的一半。也就是说，很多息肉莫名其妙没了，其实就是没检查出来。更糟糕的是，大多数护士在上午接班，他们在中午之后洗手消毒的可能性更低。这一下降比例高达 38%，将近 40%。也就是说，如果医护人员在上午洗了 10 次手，在下午可能只洗 6 次。

不仅医疗事故，交通事故也是如此。在英国，与睡眠有关的交通事故每 24 小时内有两次高峰。一个是夜晚的中间时段，即凌晨 2 点到凌晨 4 点；另一个是下午的中间时段，即下午 2 点到下午 4 点。研究人员在美国、以色列、芬兰、法国等地也发现了相同的交通事故模式。我猜在中国也一样。

怎么样，是不是都不敢下午去看医生了？别担心。那有没有解决方案呢？

三、解决方案

大脑在低谷时怎么办？有没有解决方案呢？不仅有解决方案，这些方案还可以直接操作，很多医院已经开始操作了。

我们说回上文提到的实验，研究人员让丹麦学生还是在下午考试，但是在考试前休息二三十分钟，让他们吃、喝、闲聊之后，他们发现，学生的分数并没有下降，反而提高了。

也就是说，休息带来的改善要超过每小时脑力的下降。换句话说，中午之后参加考试分数会下降，但休息过后，成绩提升的幅度会更大。

如果你一定要在状态不好的时候做重要的工作，需要注意这里总结出的以下五个原则。

原则一，休息比不休息有效。干一会儿休息一会儿，能休息一会儿是一会儿。

原则二，动起来比坐着有效。我现在写作都是站着写，效果好很多。

原则三，社交比独处有效。找人聊聊天，最好是陌生人。

原则四，户外散步比待在室内有效。出去转一圈，然后再回来工作。

原则五，彻底放空比思绪万千有效。去思考一些跟这件事完全无关的事情，思绪飞得越远越好。

还有一个可以提高下午精力的方式：吃午饭。

吃午饭很重要，而且不要在办公室吃午饭。那些不在办公室吃午饭的人能够更好地应对工作压力，不仅在这一天的剩余时间里，而是常年都精力充沛，很少疲惫。

除了午饭，还要睡午觉。小睡一会儿，是一种很有价值的休息。午睡是我们大脑的"冰面修复机"。它修复整个上午留在我们大脑皮层上的印痕、磨损和划伤。NASA 一项著名的研究发现，飞行员在小睡 40 分钟后，反应时间缩短了 34%，警觉性提高了 2 倍。空中交通管制员也同样受益：经过短暂的午睡之后，他们的警惕性有所提高，表现也会越来越好。意大利警察在下午班和夜班之前小睡一会儿，交通事故比在他们不睡觉的情况下减少了 48%。你自己上学的时候，也能感受到，睡一会儿，下午的学习效果就能好很多。午睡甚至增加了心流体验，能够提高个人创造力。

但注意，说到睡眠时间，如果你只睡 5 分钟，没用。一定要睡够 10—20 分钟，一般十几分钟的小睡就够了，这十几分钟能产生持续近 3 个小时的积极效果。稍微长一点的小睡也是有效的，但是一旦持续 30 分钟左右，或者超过 30 分钟，我们的身体和大脑就开始不舒服了。我们都有过在下午睡 3 个小时，起来迷迷糊糊的感觉，可能伴随的还有些头疼，这些都不利于工作。

丹尼尔·平克有个挺有意思的方法，就是喝杯咖啡再睡觉，因为咖啡因进入血液差不多就是十几到二十几分钟。所以你刚好睡着的时候，咖啡因进入血液把你唤醒。这样效果更好。

我们说回这个理论对教育的影响。很多时候，我去高中做演讲，会发现许多同学在早上极其痛苦，为什么？因为现在越来越多的高中生，都成了"猫头鹰"，晚上睡不着，早上起不来。后来我才知道，全世界孩子都一样。

而且很多小学生，也是这么被要求的，明明是个宝宝，却要在早上8点之前使用大脑。

这个规定是不是有问题呢？

有项研究对美国3个州8所高中的9000名学生跟踪了3年。这是个很扎实的实验：这些学校将上午的课程从8点前推迟到8点35分之后，结果出勤率上升，迟到人数下降；这是毫无疑问的，但是有意思的是，学生在数学、英语、科学和社会研究等主要学科上获得了较高的分数，并且在州级和国家级标准化考试中取得了很大的进步。

其中一所学校更大胆，将上课时间从早上7点35分调到8点55分之后，但是学生成绩并没什么变化。这证明了不是越晚上课成绩越好。

一份发表在《人类神经科学前沿》上的针对美国和英国大学生的研究报告显示，大部分大学课程的最佳开始时间是上午11点以后。我其实特别希望做教育或者制定教育制度的教师可以看看我写的这本书，可以换位思考一下学生的状态，这样是不是更人性化？

四、一年里的时间密码

说完了一天的规律，我们也说说年，一年里是不是也有这个规律呢？人是一个很复杂又很有趣的物种，特别喜欢在一个特定的时间许下自己的愿望，比如，每年的 1 月 1 日。

根据研究表明，"节食"这个关键词的搜索量，每一年总是在 1 月 1 日这天飙升，比平常日子多出 80% 左右。另一个细节也很有意思：在每个月和每周的第一天，对该词的搜索也呈激增状态。在每个法定假日后的第一天，"节食"的搜索量甚至也攀升了 10%。

在新的一周、一月和一年的开始，去健身房的人数都比平时有所增加。是不是这些时间有什么魔力呢？不是。这些时间跟其他时间比，没有任何不一样。只不过，这些日子让人们觉得有了新的起点。这就是著名的"新起点效应"。

也就是说当一件事情有了新的起点时，这件事情便会给人赋予更多能量。

但问题来了，我们总是很难完成我们的新年愿望，比如，你年初的新年愿望到今天好像已经忘得差不多了吧。研究表明，到了每年的 2 月，只有 64% 的新年决心仍在继续。越往后越惨，那怎么办？不用担心，一年里其实可以有很多重新开始的时间：

● 每月第一天

● 星期一

●春、夏、秋、冬四个季节开始的第一天

●国庆日

●你的生日

●某位亲人的生日

●开学第一天

●新工作的第一天

●毕业后第一天

●休假归来第一天

●结婚纪念日、第一次约会纪念日或离婚纪念日

●开始参加工作纪念日、成年礼纪念日、领养宠物纪念日、大学毕业纪念日

●你完成一本书的那天

所以，就算一些事情没有达到预期，也可以找到很多重新开始的时间。

我们其实可以感觉到，很多时候，人年纪越大越难重新开始，我们总是跟自己说，中年危机来了，算了，别努力了，努力也没什么用。但真的有中年危机吗？中年危机在科学上存在吗？如果有中年危机，那这个跟我们人到中午开始疲倦的道理是不是一样呢？

1965年，一位加拿大心理学家埃利奥特·贾克斯在《国际精神分析杂志》上发表了一篇论文。贾克斯一直在研究莫扎特、拉斐尔、

但丁和高更这些著名艺术家的传记。他注意到，有不少艺术家在 37 岁左右去世。基于这个简单的事实，加上一点弗洛伊德理论和几个似是而非的趣闻逸事作支撑，他创立了一套全新的理论。

"在个人发展的过程中，"贾克斯写道，"存在一些关键的阶段，其中最不为人知而又最关键的一个阶段发生在 35 岁左右，我把它称为'中年危机'。"然后中年危机就传出去了。所以大家看，为什么说要读书，因为我们要寻求一手知识，大家发现了吗？中年危机在科学上是不存在的。没有人说人到了中年，就一定不能重新开始。中年危机的出处其实不过是因为很多艺术家在 37 岁左右的时候去世了。

所以，我们得到一个观点：无论你是不是中年，都可以重新开始，中年没有危机，中年只不过是中年而已。你只是需要有一点点的紧迫感，然后多加努力就好。刚才我们说的那些时间，你都可以选择重新开始，让自己的新年愿望不泡汤，让你到了中年依然可以勇往直前。

五、关于终点

我们也说说最后一个关于时间的秘密，就是当时间逐渐逼近某个终点时人的变化。

大家都知道，第一个跑完马拉松的希腊人菲力比斯送完信就死了。所以这项运动并不是每个人都适合参加的。可是，美国每年会举办1100多场马拉松比赛，在世界其他地方，不同的城市和地区每年也会举办大大小小3000多场马拉松赛事，吸引超过100万人参加。

这些人其中有很多都是第一次参加马拉松比赛。据统计，一场普通的马拉松比赛中，大约有一半的人都是第一次参加。

有意思的是，在带有数字9这个年纪上，参与的人会非常多。比如29岁、39岁、49岁。

很多人都选择在自己29岁、39岁、49岁、59岁时做一些在28岁、38岁、48岁、58岁之前没做过甚至没想过的事情。这很奇怪，因为年纪以10年来划分，没有任何实质意义。

对于生物学家或医生来说，29岁的李尚龙和30岁的李尚龙在生理上没有太大区别，当然，我不存在这个问题，因为我的心态是永远18岁。为什么那么多人会在带有9的年龄跑马拉松呢？首次参加马拉松比赛的人中，"9龄族"的比例竟然高达48%。也就是说，人的一生当中，第一次参加马拉松最有可能的年龄是29岁。29岁的人跑马拉松的可能性比28岁或30岁的人要高出两倍。

原因很简单：因为人们想，我已经奔30岁了！我必须在29岁时真正做成点儿什么。

但其实无论你现在多大，最应该做的，就是永远不要拖延自己的梦想。不要等到"9"这个时间才做自己想做的事情。其他时间不可以去改变思维做点什么吗？

我们顺着这个思路想，会想完一个人的一生。

假设电影里有这么两个人：第一个人叫龙哥，这个人一生都在作恶，杀人放火，无恶不作，但是在自己的人生终点，用生命保卫了这座城市。

第二个人叫石雷鹏，他心地善良，每天都在惩恶扬善，但是在人生的最后时刻，企图伤害一个小女孩来维持自己的利益。

我想问你个问题，如果给两个人评分，你会给龙哥的分高，还是给石雷鹏的分高？

其实真有人做过这个实验。结果是，龙哥这个人设的分数和石雷鹏人设的分数差不多。如果我们理性一点会发现，龙哥只是做了一件好事，就是在临死前。石雷鹏也只做了一件坏事，也是在临死前。那为什么分数会差不多呢？

这就是著名的"峰终定律"。**一件事情结束后，人们所能记住的只是高峰与终点时的体验，而过程中好与不好的体验的比重或时间长短，对记忆几乎没有影响。**

终点非常重要，也影响着一些更重要的选择。例如，当美国人投票选举总统时，他们会告诉民意测验专家，自己将根据本届总统4年来的表现来决定下届选谁。但研究表明，并不是这样，选举人依据的主要是选举当年的经济形势，也就是本届总统任期即将结束时的表现，而不是其整体表现。

你肯定被这种心理学思维无意识地控制过，比如，你经常会听到有人说，我有一个好消息和一个坏消息，你想先听什么？

你一般会说什么？会愿意先听坏消息。其实你一点也不孤单，过去几十年来的多项研究发现，大约4/5的人倾向于用坏消息开头，好消息结尾。

因为峰终定律在我们脑子里起了作用。这就是为什么大部分人都会表示最后一颗巧克力远比他们之前吃的任何一颗都好吃。

如果你做的是服务行业，请记住，终点非常重要。除了高峰之外，还有终点。我之前去斯里兰卡，在一家酒店里面住，那家酒店问题不少，但我最后还是给了五星好评，因为我退房的时候，那酒店的服务员特别可爱，不仅给我叫了辆车，还出来鞠躬送我，并送了盒斯里兰卡的红茶。这最后的感觉，一下子被我记住了。

如果你从事文艺创作，比如，写作或拍电影，结尾也极其重要。

海明威说，《永别了，武器》的结局，他重写了不下39次。

我自己写《刺》《人设》《我们总是孤独成长》的时候，在结尾处也写了很多次，因为我知道结尾很重要。

六、对结婚的建议

为了体现峰终定律，我把丹尼尔·平克给年轻人什么时候结婚的建议，放在最后。

1. 等到足够大（但别太大）

太早结婚的人更有可能离婚，这也许并不奇怪。例如，根据犹他大学社会学家尼古拉斯·沃尔芬格的分析，在 25 岁结婚的美国人比在 24 岁结婚的离婚率低 11%。但等待太久也不好。即使排除宗教、教育、地理位置和其他因素，过了 32 岁还没结婚的人，离婚的概率也至少在未来 10 年内每年增加 5%。

2. 等到学业完成

如果婚前接受更多的教育，夫妻对婚姻会更加满意，离婚的可能性也会降低。即使两对夫妇的年龄和种族相同，收入相当，毕业学校相同，但完成学业后再结婚的那对更有可能保持婚姻长久。所以，结婚前应尽可能多地接受教育，并尽可能毕业。

3. 等到关系成熟

埃默里大学的安德鲁·弗朗西斯－谭和雨果·米隆发现，结婚前至少约会了 1 年的夫妇比那些闪婚夫妻离婚率低 20%。约会时间超过 3 年的夫妇甚至在结婚后不太可能分手。弗朗西斯－谭和米隆还发现，一对夫妇在婚礼和订婚戒指上花费越多，离婚的可能性就越大。

总之，对于爱情，喜欢就去追求吧。但对于生活中婚姻这个终极的"何时"问题，忘记浪漫，听听科学家怎么说。谨慎胜于激情。理性思维比浪漫能伴随你们走得更远。所以，多学习，去改变自己的直觉。人如果不学习，留下来的就只有直觉了，直觉久了，人依旧不改变，随即而来的只有贫穷和衰老。

"加法"和"减法"的思维

有一天我和作家刘轩吃饭，他刚从美国回来，他问我认不认识山下英子。我说我不认识，但我看过她的书《断舍离》，怎么了？他说，现在（2018 年）美国兴起一阵特别奇怪的浪潮，许多人都在扔东西，扔完还跟东西说再见。

我一下就笑了。

也是在那一年，我和张德芬老师做过一场活动，面对读者提问，我们两个给出的解决方案完全不一样。我会经常说，什么事情都应该试试；而张德芬老师就经常说，许多事情要果断放弃。这两种完全不同的思维模式，形成原因是什么呢？写这本书时，我忽然明白了，这一切在于年纪：我那时不到 30 岁，觉得一切可以做加法；而写这本书时，我已经30岁了，明显感觉精力和体力开始有下降的趋势，于是不得不去做减法。

这就是加法思维和减法思维，简单来说，30岁前，人应该不停地做加法，寻找生活的可能；但是30岁后，人应该不停地做减法，才能获得幸福。这就是著名的思维模式：断舍离。

在本书最后的部分，我们一起来探讨和思考一下我们的生活。

很多人以为断舍离是扔东西，其实如果你真正了解断舍离，会发现根本不仅如此。

日本作家山下英子通过瑜伽参透了放下心中执念的修行哲学"断行、舍行、离行"，接着，通过对日常家居环境的整理，改变自我意识，脱离物欲和执念。别小看这种放下，正是因为这样的从外到内的放下，才能让人幸福。

为什么是从外到内？断舍离是一种通过收拾自己家里面的杂物，整理内心的杂乱，让人生变得开心快乐的方法。然后通过不断审视、内省和决断，从而修炼心境、脱离囤物的固执心态。

就好比每到"6·18""双十一"，你肯定囤了不少货物，其实你稍微想想，就知道很多东西根本没必要买。现在这个时代，货物越来越靠近人，商家为了卖东西持续打折，许多囤货其实没有太大意义。何况房价飙升的今天，空间才是更值钱的。

那么，到底什么是断舍离的思维模式，总结如下：

斩"断"物欲；

"舍"弃废物；

脱"离"执念。

这就需要经常整理和收纳自己的物品，通过整理和收纳了解自己。请注意，**整理收纳不是简单地扔东西和归置物品，而是一个决策和判断的过程。这不光是对物品的取舍，更是审视自己人生的一次机会。**要知道你为什么有这个东西，当初为什么要买这个东西，当时是怎么想的，当时收集这个东西的原因，以及你到底是个什么样性格的人。

请注意，**整理不是不分青红皂白地扔东西，而是有选择、有意识地为自己保留合适的物品。**做完整理，才能进入收纳，现在国内已经有个职业叫国际收纳认证师，就是专门教人怎么做整理和收纳，还有专门的培训班。

为什么要收纳和整理呢？有这样几条好处：

第一，帮你释放空间。

第二，帮你为注意力减负。

第三，帮你认识自己。

第四，带给你更好的形象。

第五，厘清你复杂的人际关系。

这样久而久之，人会非常幸福。

接下来，我分享几条干货。

一、扔什么样的东西？

1. 一年没用过的

每年年初或者年底，你是不是都要彻底整理一次自己的家？其实并不是说一年没有用过的东西，就一定要扔掉。而是让你把一年没有用过的东西当作一个提示的信号，让你想想到底发生了什么。比如，有本书我一年没看过，不代表我要扔掉它，我会反思，这本书其实不是拿来看的，而是拿来装饰的。那我为什么要拿这本书来装饰呢？我是不是有点浮夸呢？是不是希望有朋友来家里时装得很像一个读书人，我这个浮夸的思考方式是怎么来的呢？几件事放在一起一想，就有了自省。

2. 不需要的

很多东西都是你以为你需要，其实并不需要的。还有些物品是你过去需要，现在不需要的。比如，孩子刚出生时朋友送的婴儿衣服，当下已经不需要了，当时孩子才1岁，现在孩子都长到3岁了。有些情况你可能会觉得未来需要，万一有一天要用。比如，我姐姐会对我说："等你生孩子可以把衣服留给他。"我会经常跟姐姐说："不会的，到那个时候，一定还有那个时候的衣服，那个时候我的孩子也有自己喜欢的衣服，说不定性别都不一样。"这样做有一个好处，不要以东西为中心，不是让你判断这个东西坏没坏、好不好、可惜不可惜,而是要以人为中心,让你自己判断需不需要它。你要想的是,你需要还是不需要,而不是东西丢了可惜不可惜。

3. 不舒服和不合适的

我父亲就特别喜欢穿"不舒服"的衣服,比如,把我的旧衣服拿来穿,我高中时候的衣服,他现在还在穿。原来我还真愿意把衣服留给他穿,现在我坚决扔掉,给他买适合他的。一开始他有点生气,后来有了新衣服,他也就高兴了。另外有一点很重要,无论多贵的东西,人都比物品重要,像我们父亲的那个年代,都经历过物质的极大匮乏。比如,电视机、电脑、手机,他们要花几年的时间才会买一件,而这些物品现在都降价了,所以不适合的时候,坚决要帮他们换一件。

4. 不喜欢的

这点太重要了,喜欢这件事儿很神奇,比如,原来你很喜欢一个男孩子,忽然就不喜欢了,这很正常。只是你舍弃的时候要讲道德。但东西不一样,可能它还没有坏,但是由于你对它已经麻木甚至讨厌了,在生活当中只要有更心动的东西,就一定会选择新的,搁置、浪费了原来的,扔了可惜,看着憋心。其实人也是这样,也许这个人你认识很久了,比如,都是十年的老朋友了,但人是会变的,你发现每次见到他都感觉很难受,甚至会产生负面情绪。如果出现这种情况，就该坚决斩断联系了。越拖，对你自己的伤害越大。当你环顾四周，看到的都是让你产生积极情绪的东西时，会给你大大地充电，这样的生活多幸福啊！

说回物品，简单来说，什么是喜欢？就是你看到它的时候感到了喜悦、积极的情绪，有幸福感，想拥有，觉得光鲜亮丽、好看，有马上想再次使用的心情，这些都是心动的感觉。可以抓紧入手。反之，可以丢掉。

二、留下什么样的东西？

一种是资产类物品。换句话说，你就算什么都没有，也要有钱，因为钱能把这些东西都买回来。那如果没钱呢。就要思考，什么样的东西是可以保值或增值的？当然你可能想到的是古董、字画、艺术品。简单来说，当你拿去转卖的时候，能不能卖回原来的价钱，如果卖不回来，就说明这个东西贬值了。其实最保值的，永远是知识。比如犹太人，他们经历了颠沛流离和战火纷飞的年月，发现无论是土地还是财产，都容易被人夺走，只有脑子里的知识，是谁也夺不走的，所以他们不仅自己终身学习，还让自己的孩子从小养成读书的习惯。其实他们脑子里的资产，就是隐性资产，是最值钱的。

那么对于资产类的实际物品，应当怎么整理呢？很多人会觉得，为了防贼，应该把它们分头藏在家里各个隐秘的角落。但其实，集中管理是最好的，因为第一，你能省下大量脑子里的带宽；第二，只要想找哪样东西，脑子第一反应就是在那儿。

比如，我的合同全部在一个文件夹里，至于这个文件夹在哪儿，我不能告诉你，这就是隐秘的角落了。

资产类产品和消耗品一定要分开。比如沐浴露、化妆品、洗发膏，咖啡冲剂、茶、酒、粮食等。这些东西你买得越多，越容易超量，它会长期占据你的生活空间，也占据大脑的空间。日用品我觉得够用就好，多了还容易超过保质期都用不完。

现在这个时代，货物在越来越逼近人。

以下还有一种物品很复杂，我们统称精神类的物品。

1. 书籍、音像制品等文化物品。

2. 字画、艺术品、雕塑，你喜欢的家具、男友送的耳环等。

3. 关键场合帮你获取信心的特殊物品或衣服、珠宝饰品、彩妆，等等。

4. 跟自己过去有关系的物品。

记得，仍然不要以实际上坏没坏作为标准，而要以能不能满足你的精神需求作为淘汰的标准。当这件物品不再能满足你的精神需求时，就是淘汰的时候，该丢的，一定要丢掉。

比如，五年前，我特别喜欢一本书，因为我在绝望的时候，这本书总能给我带来巨大的力量，我把它一直放在床头。可是现在，我已经30岁了，有了自己的一套生存法则，现在这本书已经没办法满足我的精神需求了。于是我把这本书放进了书房，又过了一段时间，我把这本书捐给了我们公司的图书馆。

女孩子的衣服、耳环、服饰等，也都是这个原理：当这件物品不再能满足你的精神需求时，就是该淘汰的时候，该丢的一定要丢掉。

你说我万一以后又喜欢了呢？这就是你不了解自己了。你都不知道自己喜欢什么，就算有一天，你真的又喜欢上了，只要你还有钱，买回来就好。所以，整理本质上是一种从内到外的改变。

三、什么时候去改变？

这种整理越是在单身的时候，越好改变。等结了婚，老婆孩子热炕头，日子安稳以后，可能就越来越难了。

一个月有 30 天，其实每天你都应该去归纳、整理自己的房间。当然，你肯定没那么多时间，但一周至少要有一次。定期扔东西，定期整理、收纳。

有些人整理、收纳物品的方式是送给他人，送给自己的父母、兄弟姐妹和朋友等。**但我建议你不要因为自己不需要就把这些东西送给别人，因为你并不知道别人是否需要，送给别人可能只会给对方带来麻烦。**比如，把我不要的衣服送给我父亲，你永远不知道他承受的是什么，当然他也不会说。

我的一个朋友特别有意思，搬家后，发现有一大堆不看的书，又不舍得丢，于是跟另一位爱书的朋友打电话，说：你要我的书吗？我那位朋友也藏书，家里的书还不少，于是就同意了。结果书一到，他发现这些书他都已经有了，本来想找个收破烂的卖了，结果快递小哥跟他说：到付。

他当时就很崩溃。

定期整理不光是教你把家里的空间整理清爽，更是通过物品的整理，进入一个自我心理成长的过程。

有人会说，我就是不舍得丢。很多人都不舍得丢东西，并不是因为他的生活方式乱七八糟，本质上是潜意识出了问题。

在《断舍离》这本书里，作者根据常年处理物品和人之间关系的经验，总结那些常常抱怨"还是无法放手……"的人大致有以下三类。

●逃避现实型。这类人一般因为工作繁忙，待在家里的时间少，所以整理家务的事情总是推后进行。乱七八糟的家让人心情也很糟糕，就更不愿意待在家中，陷入了恶性循环。

●执着过往型。这类人总是珍藏了很多以前的相册、信件、纪念品等旧物。他们不愿意直面现实，总是沉湎于过去快乐的时光。

●忧虑未来型。这类人总是担心"没有某个东西会发愁"，总是不停地为不知何时才会发生的未来事件储蓄物资。这也是三种类型中人数占比最多的一类。

看看你属于哪种?

其实还有一种人,他们经常会问:如果我的家人不让我丢东西呢?

这里有个很重要的思维方式:自己的东西自己整理。

这就是自我的边界,你的东西也是你在这个家庭空间中的自我边界。因此,整理是自己的事情,属于自己的东西,一定要自己来整理,你也可以通过丢东西,来知道在这个家里什么是自己的界限。有些太太,特别喜欢问先生:"你看我这件衣服穿起来怎么样,你觉得我要不要扔?"还有些男士,自己的衣服基本搞不清楚,全指望着太太打理。这都是边界感欠缺的表现。我的建议是,可以听对方的建议,但不要让对方替你决定。所以要丢物品,丢你自己的,别人的东西不要去干涉。如果你是一个直男,觉得口红没啥用,第二天断舍离把你太太的东西全扔了,最后你可能会收获一个前妻。

在和别人同居时实践断舍离,尤其要注意,不管自己多介意别人的东西,也不要随意处置,会引起纷争的。

其实,人的烦恼大部分来自人际关系的问题,所以在不断体验、积累经验的过程中,逐步掌握好如何与人保持恰当的距离,学会抛开人际关系的烦恼,这也是断舍离的精华。

四、梳理回忆

有一种东西是最难处理的，就是回忆类物品。回忆类物品的断舍离，是最难过的关。所以，你要练习对回忆进行梳理，不一定是丢掉那些记忆，在这个过程里你可以理顺很多东西。比如相册、过去的日记、情书和电影票，等等。这些都是属于你的过去，或许你很难面对，但你又必须走出来，所以有以下几条建议分享给你。

第一，要保证独处的空间

整理回忆类物品时尽量不要被人打扰，要保证一个安静、独处的空间，家里有人或者现阶段有事的时候最好不要进行回忆类物品整理，因为你有可能会被打断，更没办法专心。

第二，不要赶，慢慢来

回忆类物品的整理，容易勾起情绪，想起很多过往的画面，激发回忆，需要充分的时间来进入，因此不要匆匆忙忙，手机放在一旁就好，要知道，这是人难得地认识自己和总结过去的机会。

第三，郑重其事地告别

这就是刘轩说的，那时很多美国人的做法：鞠躬，然后告别。他们称为正式告别。当你辨别了物品的重要性，也理顺了其中的情绪、情节和情感后，接下来你就可以充满尊重地告别并放手了。放手很难，但一旦放手，你看到的就是更广阔的世界。你可以在心里默默地说：谢谢你陪伴我，再见。也可以说出声，甚至可以吼出来，不一定要说再见，可以自己编句话。这句话要你自己编，因为每个人都有自己的告别语。

其实很多回忆类别的东西，最好的方式就是记在大脑里。让时光给它一个合理的位置。不过物品是次要的，时间会帮你忘记一些不该有的伤痛，也会帮你留下一些合适的美好。生活就是这样，那些前任、朋友，你需要的不是留着他们的物品，而是赶紧做减法，向前看。

除了这些回忆，你可能还有一个问题，就是亲人的离世要怎么处理。

《断舍离》里讲了一个故事：有一对很恩爱的夫妻，中年时丈夫去世后，妻子很长时间走不出来，她不敢触碰任何丈夫的物品，于是家里乱七八糟了很多年，她也在颓废中很久没有恢复正常。直到她进入了断舍离培训班，开始直面过去那么多年的生活，在正式和过去说再见后，她开始收拾屋子，有一天，她看到水池里亡夫的假牙，她竟然笑了，自言自语地说："他在那边吃饭一定很困难吧。"

那一刻，她意识到自己放下了。

其实人的一生，都在别离，跟最爱的人、跟亲人、跟朋友。

尤其是朋友，别离很正常，我对朋友的理解，就是你们一起坐公交车，你要坐到最后一站，他只坐两站就下车，你没必要硬拉着他跟你一起坐到最后，真的没必要。每个人都有自己的目的地，要看自己想看的风景。如果他下车了，祝福就好，还会有新的朋友上车，来到你身边。所以当你发现你带不动了，你只能放手，这就是成长。所谓成熟，就是要跟你熟悉的事情和人说再见，跨入一段陌生的领域中，重新长大。无论这些东西开始有多美好，随着时间流逝，一定会有变化。守着一个变质的东西，还不如做减法。

五、减掉信息

最后一个要减掉的是信息。

如果说过去我们是信息贫瘠，那么这个时代就是信息太多了，不仅多，而且已经过剩。自从有了手机，无数的 App 都在不停弹着消息，就是为了抢占你的注意力。而一个人看到的信息，造就了这个人的意识。

所以，管理信息，可以有以下几个途径去实现。

第一，去搜索你想知道的东西，而不是被迫去看海量信息；关注自己想知道的，而不是焦虑于自己不知道的。

第二，如果一个 App 总是不停地给你弹出什么信息，就坚决设置权限或者删除。

第三，多提问，以自我为中心，只去知道自己想知道的。

第四，知行合一。光提高思维不行，还要去行动。

其实当你开始付诸行动的时候，你会发现许多信息并没什么用。

最后，随着年纪越来越大，你一定要主动做减法，因为就算你不主动做减法，也会被迫做减法。这不是负能量，而是你要回到生活本身的模样。

去年我跟我的团队说，我当不了导演了。因为导演太费时间和精力，加上我承认自己做不好，这需要太多的天赋，所以我拒绝了很多资本方让我自己导自己的作品，我也让团队把所有官方介绍的"青年导演"这个身份拿掉了，因为我在二十多岁的时候，自己花钱、找钱、找人拍电影的日子已经过去了。我现在过得很开心，一心一意上课、创业、写作，感觉特别好。也希望未来能有更多的可能，有时候岁数不饶人，好在人还幸福着，这点就够了。

思考生命的意义

一、人生低谷时的心态选择

我在低谷的时候，时常会很消极地思考生命的意义，觉得人生没有意义。直到我找到了弗兰克尔的《活出生命的意义》这本书。经常有我的学生问，我不想活了怎么办？我都会建议他看这本书。我在网上看到很多人说这本书是鸡汤，我很不喜欢这种论调。有时候你认为是鸡汤的东西，对别人来说是解救生命的良药。**你笑看别人生命的苦楚，是因为你没有被打到过生命的低谷。**很多书适合白天读，但这一类有关心灵和生命方面的书，一定要放在晚上，或者在一个寂静的时刻、没什么人的地方去阅读，这样你才能感同身受。

我评价一本书鸡汤与否只有一个标准：它是否真实。

这本书的作者叫维克多·弗兰克尔，是一个犹太人，心理学家。第二次世界大战时期，他被关到了人间地狱——奥斯维辛集中营。如果可能，大家一定要看看两部电影：罗伯托·贝尼尼的《美丽人生》，马克·赫尔曼的《穿条纹睡衣的男孩》。维克多·弗兰克尔一到集中营，人就崩溃了，因为那比他想象的还要糟糕一万倍。很快，他的亲人都死于纳粹的魔掌，父母、哥哥、妻子都死于毒气室，不可思议的是，他竟然活了下来。不仅活了下来，他还把这段经历，用9天的时间，写了本书，很薄的一本。这本书首次以德语出版，书名叫《一个心理学家在集中营的经历》，再版时改名为《对生命说"是"》，出版之后立刻就成为畅销书，在战后虚无主义盛行的时代，感动了很多人。很多读者都是拿起来放不下，一口气读完，找到了生命的意义。1959年，这本书的英译本出版了，书名叫 *Man's Search for Meaning*，如今这本书在全球已经有了20多种译本。再后来，中文版定名为《活出生命的意义》，这本书后来被重印了几千万册。

弗兰克尔这一生对生命充满了极大的热情，67岁开始学习驾驶飞机，还考过了驾照。80岁登上了阿尔卑斯山，还在哈佛大学、斯坦福大学等好几个大学当教授。在1997年，他离开了这个世界。

维克多·弗兰克尔被抓进集中营后，他发现的第一件事情，就是人没有自由了。首先没有经济自由，然后没有身体自由，接下来很多的自由都被剥夺了。

即便在这样的环境下，他依然想明白了一件事："**人所拥有的任何东西，都可以被剥夺，唯独人性最后的自由——也就是在任何境遇中选择自己的态度和生活方式的自由——不能被剥夺。**"

这句话带给了包括我在内的无数人巨大的力量。

很多人喜欢说这样一句话：生活把我逼到死角，我没有选择了。其实不是的，人总有选择，你人生中最后一项自由，就是你持有态度的自由。你可以选择自怨自艾，也可以选择坚强坚定，看你自己怎么选择而已。

二、生命的意义

人在极端环境下的心理状态是怎样的？

弗兰克尔在狱中就做了一件事，研究自己的狱友。在这个研究中，开创了一种创伤疗法，叫意义疗法。

什么是意义疗法呢？简单地说，就是给处在痛苦中的人找到一个生命的意义。

在集中营死去的人中，有些并不是被杀死的，而是自杀或者病死的，还有就是默默死去了的。弗兰克尔发现，那些知道自己还有某项使命没有完成的人，最可能活下来。为什么？因为人生有盼头。

弗兰克尔刚进集中营时，非常不适应。在他进入集中营后，没人在乎他叫什么，有什么成就，是不是读过书，曾经有没有好的身份地位，那里的人只是给他一个号码：119104号囚犯。他在监狱里写作，结果他的一部未完成的书稿被没收了。这件看起来会令他崩溃的事情，最终救了他，给了他人生的意义：他决心一定要写完这本书，正是重写这部书的渴望让他在这种严酷的环境中活了下来。

这也是他在集中营生活中找到的生命的意义。

弗兰克尔的意义疗法，到今天都很实用。我听一位心理医生讲过一个故事：每次有人来跟他说想自杀，他就会问，你想怎么死？人家说，我想上吊！医生就说上吊死很残忍，有时候你吊着一个小时都死不了。人家又说，那我跳楼，医生说，跳楼更可怕，跳楼你摔下去血肉模糊，全尸都没有。人家再说，那我开枪自杀，医生说，开枪的话，你想想吧。为什么呢，因为很多国家都禁枪，找枪特别不好找……很多人找着找着，竟然找到了生命的意义。

这就是著名的意义疗法。什么是意义疗法？意义疗法简单说就是帮助精神崩溃的人重新找到生活的意义。别小看这一点，帮人找回意义太难了，**人生活没有意义，是容易瞬间崩溃的。**

《哈佛情商课》中记载了一个故事：

在美国东部的一个州，有一位年轻的警察叫杰布。在一次追捕行动中，杰布被歹徒用冲锋枪射中右眼和左腿膝盖。3个月后，从医院里出来时，他完全变了个样：一个曾经高大魁梧、双目炯炯有神的英俊小伙儿，变成了一个又跛又瞎的残疾人。有记者采访了他，问他将如何面对现在遭受的厄运。他说："我只知道歹徒现在还没有被抓获，我要亲手抓住他！"从那以后，杰布不顾任何人的劝阻，参与了抓捕那个歹徒的无数次行动。他几乎跑遍了整个美国。10年后，那个歹徒终于被抓获了，杰布起到了非常关键的作用。在庆功会上，他再次成了英雄，许多媒体称赞他是全美最坚强、最勇敢的人。可是不久，杰布却在卧室里割脉自杀了。在他的遗书中，人们读到了他自杀的原因："这些年来，让我活下去的信念就是抓住凶手……现在，伤害我的凶手被判刑了，我的仇恨被化解了，生存的信念也随之消失了。"

人一旦失去生命的意义，一切都会失去。

我们先看意义疗法是怎么起作用的。

首先弗兰克尔认为，人不应该完全放松，应该适度紧张，适度紧张对人的精神健康是必要的。这跟我们的理解不太符合。我们觉得人病了应该完全放松休息，其实不是。我之前有几个朋友，梦想都是三十岁去一个小岛度过余生。后来他们中有一个人实现了，三十多岁财务自由，在希腊买了个岛，日子别提多高兴了。每天睡到自然醒，希腊天黑得晚，他告诉自己天一黑就睡觉，结果你猜怎么着，他睡不着了。一年后，甚至检查出抑郁症。现在又回到北京工作了，为什么呢，因为人一旦完全放松，很容易颓废。

为什么说适当紧张有利于精神健康呢？因为适当紧张，能够唤起人们潜在的斗志，召唤人们去完成还没有完成的任务。重要的是，能赋予人意义。我有段时间一节课也不上了，在家几个月，每天都没有一点紧张的感觉，很快我就觉得自己快崩溃了。所以赶紧给排课组的小伙伴打了个电话，我说在不影响我创作的前提下，还是给我排一些课。因为如果没有这种紧张感，人很容易颓废。人对意义的这种追求，会让内心产生一股精神动力。

其次不管是正常人，还是处在极端状态下的人，都要寻找一些紧张感和意义。很多人就是靠着这唯一的精神动力，才活下来的。

人失去生命的意义是很痛苦的，有一个在集中营的犯人，梦见1945年的3月30日，战争就能结束，因为这个梦，他充满了希望，他相信这个梦正是上帝对他的启示。但是随着这个日子的临近，根本没有战争结束的任何消息，到了3月29日，他突然发高烧陷入了昏迷，第二天就死了。

一个人突然失去生命的意义，没有对抗未来的动力，是能导致他免疫力急剧下降的。结果这个人因为内在的放弃，最后引发了潜在伤害的发作。

所以，别再说正能量没用了，适当的鸡血和正能量，甚至可以决定人的生死。在1944年的圣诞节到1945年元旦之间，集中营中的死亡率是最高的，这是为什么？跟上述犯人的情况很像，当时不知道是不是流传了什么信息，多数犯人天真地以为能在圣诞节前回家，但是希望破灭了。圣诞节到了，他们并没有回家。

可以想象他们有多么绝望，这种绝望一经放大，就严重削弱了他们的抵抗力，导致许多人的死亡。

但还是在集中营里，有一个很有意思的反差。有些看起来身体虚弱的人，比看似强壮的人生存能力更强。那是因为他们接受了外部环境，把外部的悲惨转化成了丰富的精神生活，这给了他们一点希望和期待。

我还是很感叹，即便是在集中营这种极端环境下，犯人最终成为什么样的人，仍然主要取决于他自己内心的决定，而不单单取决于集中营的生活。

所以，人的精神状态很重要，无论现实把你逼到什么地方，自己都不要放弃，不要停下前进的脚步。

记住，无论你经历了什么，你现在是否痛苦不堪，是你的态度才使你的人生具有了不同的意义。只有极少数人能够将困苦的环境看作世界对你的磨炼，通过痛苦找到人生意义的新高度。从集中营归来的幸存者最光辉的体验，就是懂得在承受所有痛苦之后，再也不用恐惧任何东西。

我自己也是这样，我第一份工作在新东方，当时一天上 10 个小时的课，最长一次是连续 50 多天每天 10 个小时，晚上还有酒局。为什么呢，因为受过磨炼的苦，后面什么都不怕了。我当时就能看到，只要我继续上课，就能赚到更高的课时费，从而实现更高层次的财务自由。

三、未来的目标

想要恢复人们的内在力量，就必须让他们看到未来的某个目标。

这一点，对于任何遭遇厄运的人都适用，这就是意义疗法的内涵。

有一次，一个患有严重抑郁症的老先生找到弗兰克尔，说两年了，他还是无法接受妻子去世的事实。这位老先生爱他的老婆胜过爱世间的一切。遇到这种情况，大多数人会说你振作起来，但这对消减老人的痛苦没有任何用处。

弗兰克尔问这位老先生，如果你先于太太去世了，那你的太太会怎么样？老先生说，啊，那她怎么受得了！弗兰克尔马上说，对呀，虽然你现在很痛苦，但是你是在替她受苦。就是这种思考方式，让这位老先生立马释然了，因为他的痛苦变成了对妻子的奉献。

弗兰克尔帮他找到了痛苦的意义，因为痛苦一旦被找到意义，就不再是痛苦了。

其实很多宗教的理论都在说这个，基督教文化就说人有以下6种痛苦原因。

1. 痛苦是因撒旦的挑战而来。

2. 痛苦是因没有悔改而临到的。

3.痛苦是为了彰显上帝的荣耀而临到的。

4.痛苦是为了你自己的益处而临到的。

5.痛苦是为了更好的侍奉。

6.苦难是因违背律法的结果而临到的。

仔细看，这6条都是在赋予痛苦意义。

每个人都要去寻找意义。可是**有没有在普遍意义上，对所有人都适用的生命意义呢？**

弗兰克尔认为，并没有普遍意义这回事，因为生命的意义，在每一个人的每一个阶段都不一样。每个人都有自己独特的使命，这个使命是他人无法替代的，你必须自己找到。你高中时候的意义，和大学以及现在的意义，都不一样。

这个价值观，在第二次世界大战刚刚结束的欧洲，虚无主义盛行的欧洲，都令人深思。其实到今天也同样适用。

有一位母亲，她原本有个快乐的家庭，但孩子十几岁的时候遇到意外变成残疾人，这位母亲的生活自然变得很难熬。但是她为自己找到了新的意义，那就是帮助孩子的下半生过得更快乐一些。其实对每个普通人来说，人活着就是要找属于自己的意义。什么是意义？我的理解就是你可以为之付出生命的东西。

比如，做"考虫"的初期，我就跟合伙人讲，不论发生什么，我都不会退出，哪怕最后什么也没有，一分钱也不赚，我们也是为中国的教育做出了自己的贡献。这是我作为一个老师存在的意义。

但我发现"考虫"走到今天，已经成了一个很大的互联网教育的公司，是一个背后有资本操盘的公司，那么对我们来说，就要给自己找新的意义了。

世界是在变的，人要不停为自己找到新的意义，这是我们重新振作的关键。意义疗法，就是为这个准备的。我每天都在为自己找新的意义，比如，做读书会，讲些其他对年轻人有用的课，按时出书等。

四、去爱某个人

最后我们分享弗兰克尔在书里讲的，寻找生命意义的三种方式。

第一个方式是从事某项事业，取得成功，这个事业一定要是让你觉得有意义的，这样才可以做。请注意，这项事业不仅仅是有钱，有钱也可以是有意义，但不完全是。很多职业，比如，很多人做的公益，是没钱的，但有意义。有时候我们直接追求成功，反而会走得慢，相反，你去追求意义，成功不过是附属品。

弗兰克尔也在书里说，成功和幸福，是在你投身事业之后自然获得的，它是一种副产品，你越想要得到反而会适得其反。这其实跟赚钱一样，你越想赚钱，反而越赚不到；你想着怎么实现价值和意义，钱反而来了。

第二个方式是忍受不可避免的苦难。首先你要相信一件事，人生本来就是苦的，谁都有自己的苦，但你要相信，人们从苦难中也能找到生命的意义。

所以你现在遇到的失恋、失业、考试失败，真的没关系，从人生的角度看，这些都是小事，也能给你巨大的意义。其实我现在自己写作，总是逃不过两个阶段：我读军校的时候和在新东方当老师的时候。因为太苦了，那种苦都有点不太敢回顾了。但现在我依旧觉得那些苦有意义，能让我看到不一样的世界，这些苦能让我看这个世界的角度更多样。所以别怕吃苦，这些都会有自己的意义。

第三个方式，就是去爱某个人。注意，爱一个人是会变得有意义的。

书里说了一个令我很感动的故事：在集中营时，有一次弗兰克尔在一个寒冷的早晨，被看守拿着枪托驱赶着前往工地，脚上的冻疮让他每走一步路都非常艰难。但这时，他想起了自己的妻子。他唯一的希望是妻子可以在集中营中比自己过得好些，不会经历这些事情。

但就是这个时候，他突然领悟了一个真理：**对一个人的爱是可以远远超过爱她的肉体本身的。**

某个时候，无论爱人是否在场，是否健在，都不会影响爱在精神层面的含义。这种爱给他巨大的希望。

在集中营这种生活极端匮乏、人们高度紧张并且一无所有的地方，哪怕是对爱人片刻的思念，比如，写个情书，看一眼她的照片，都可以让人领悟幸福，获得精神的满足。大家看美军在参战的时候，几乎人人胸前都放一张家人照片，这都是生命的意义。弗兰克尔对妻子的爱和思念，也是他在集中营中生活的意义的一部分。

所以弗兰克尔把爱定义为人类终身追求的最高目标，所以它自然也是人们找到生命意义的一个方式。

只有在深爱着一个人的时候，你才能完全了解这个人，了解他的本质，了解他的潜能。所以爱是伟大的，爱不是婚姻，也不是陪伴，爱是直达另一个人内心深处的唯一途径。所以爱，能够帮人实现他的全部潜能。

这个爱，不仅仅是爱情，还有亲情、友情里的爱，还有对于国家、世界、人类的爱。你一定有过一个时候，可以为一个人和一件事奋不顾身。这就是爱的力量。

就像我在《我们总是孤独成长》里写的那样：我们必须相爱，否则我们就会死亡。

图书在版编目（CIP）数据

持续成长 / 李尚龙著. -- 北京 ：中国友谊出版公司，2022.9

ISBN 978-7-5057-5466-9

Ⅰ．①持… Ⅱ．①李… Ⅲ．①思维方法－青年读物 Ⅳ．①B804-49

中国版本图书馆CIP数据核字（2022）第129101号

书名	持续成长
作者	李尚龙
出版	中国友谊出版公司
发行	中国友谊出版公司
印刷	北京联兴盛业印刷股份有限公司
规格	880×1230毫米　32开
	8.25印张　261千字
版次	2022年9月第1版
印次	2022年9月第1次印刷
书号	ISBN 978-7-5057-5466-9
定价	49.80元
地址	北京市朝阳区西坝河南里17号楼
邮编	100028
电话	（010）64668676

如发现图书质量问题，可联系调换。质量投诉电话：010-82069336